배리 마셜 교수와 함께하는

노벨상으로의 시간 여행

배리 마셜 교수와 함께하는

노벨상으로의 시간 여행

배리 마셜·로나 헨드리 지음 | 버나드 칼레오 그림 | 이계순 옮김

라임

차 례

대단한 과학자들의 비밀 모임

노벨상 수상자

메리는 심심해서 미칠 지경이었다. 엄마를 겨우겨우 졸라서 노벨상 수상자를 만나러 왔는데, 아직 그 사람이 약속 장소에 나오지 않았기 때문이다. 다른 사람들은 커다란 테이블에 둘러앉아 커피를 마시거나 과자를 먹거나 휴대폰을 만지작거리며 시간을 때웠다.

"아, 어떡하죠? 정말 죄송합니다."

그때 금발머리 여자가 다가와 정중하게 사과의 말을 했다. 자신을 조세핀이라고 소개한 그 여자는 이곳의 책임자처럼 보였다.

"마셜 교수님이 가끔씩 시간 가는 줄 모른 채 연구에 몰두하실 때가 있거든요."

메리가 엄마를 팔꿈치로 쿡 찌르며 물었다.

"방금 말한 그 교수님이 노벨상을 받으셨다는 거죠?"

메리 엄마는 고개를 끄덕이며 얼굴을 살짝 찡그렸다. 그건 메리더러 조용히 하라는 뜻이었다.

메리는 나중에 어른이 되어서 노벨상을 받는 게 꿈이었다. 그리고 과학 실험을 무척 좋아했다. 한 번은 풍선 바람으로만 움직이는 목욕용 보트를 만들었다. 또 한 번은 유리병 안에서 구름이 몽개몽개 피어나게 하는 실험을 했다.

그러던 어느 날, 엄마가 한 연구 센터를 방문해 노벨상 수상자를 만난다는 얘기를 우연히 듣게 되었다. 메리는 자기도 같이 가게 해 달라고 며칠을 내리 졸랐다. 그렇게 해서 어렵사리 이곳까지 따라왔지만, 정작 그 사람은 한참이 지나도록 코빼기도 비치지 않았다.

"잠깐 나갔다 와도 돼요?"

메리가 나직이 속삭이자 엄마가 고개를 끄덕였다.

메리는 과자 한 조각을 집어 들고는 가장 가까운 문으로 빠져나갔다. 그리고 긴 복도를 따라 걸으며 이리저리 서성였다. 이따금 발끝으로 서서 밝은 불빛이 새어 나오는 실험실 창문을 들여다보기도 했다.

하얀색 가운을 입을 연구원들이 열심히 실험을 하고 있었다. 다양한 조절 장치와 숫자판, 조명 시설이 따닥따닥 붙어 있는 기계들을 부지런히 조작했다.

메리는 휘어진 복도를 따라 끝까지 걸어가 보았다. 다시 막 심심해지

려던 찰나, 문 하나가 눈에 띄었다. 문에는 손으로 휘갈겨 쓴 메모가 붙어 있었다.

메리는 과학자들에게 한 가지 공통점이 있다는 사실을 알고 있었다. 그건 바로 호기심이었다. 궁금증을 이기지 못하고 손잡이를 조심스럽게 돌려서 문을 빼꼼 열었다.

"알베르트, 당신도 규칙을 알잖아요! 우리는 과학에 대해서만 토론할 수 있다고요. 개인의 삶이나 나라 사이에서 벌어지는 문제를 다뤄선 안 돼요. 그게 아무리 흥미로운 거라도 말이죠."

그때 대뜸 여자 목소리가 흘러나왔다. 왠지 짜증이 좀 난 것 같았다.

"그렇지만 규칙이란 건 깨지게 되어 있는 거요! 그래서 우리가 지금 여기 이렇게 모여 있는 거 아니겠소? 만약 우리가 규칙대로만 살았다면, 과학 분야에서 절대로 돌파구를 마련하지 못했겠지."

메리는 사람들 눈에 띄지 않게 몸을 숙이고서 그 안을 찬찬히 둘러보았다. 평소에도 어른들이 논쟁할 때 귀 기울여 듣는 걸 무척 좋아했다.

그렇게 해서 해결한 문제들이 제법 있었기 때문이다.

여느 실험실과 달리, 이 방은 창문이 하나도 없는 데다 몹시 어두웠다. 중요한 모임이 열리는 곳이라기보다는 오히려 창고 비슷하게 보였다. 빛이라곤 천장 가운데에 매달린 백열전구에서 뿜어져 나오는 게 전부였다. 방 안에는 스무 명 남짓한 사람들이 모여 있었다.

대부분 요즘 시대와 어울리지 않는 옷차림이었다. 그들은 나무 상자나 플라스틱 상자, 아니면 뒤집어 놓은 양동이에 대충 걸터앉아 있었다.

맞은편 벽에는 낡은 화이트보드가 세워져 있었는데, 모두들 그쪽을 바라보고 있었다. 구깃구깃한 실험실 가운을 입은 남자가 초록색 마커펜으로 화이트보드에 뭔가를 휘갈겨 적으면서 설명하느라 바빴다.

메리는 살금살금 안으로 들어가 청소 용품 보관함 뒤에 숨었다.

"로빈과 제가 발견한 박테리아를 이용해, 전 세계 사람들에게 말라리아 예방 접종을 할 수 있을지도 모른다고요."

"그래도 아직 암 치료법은 개발하지 못했군."

병원 가운을 입은 남자가 끼어들었다. 그 사람은 몹시 피곤한 기색이었다.

"네, 안타깝게도 아직……."

그러자 어떤 여자가 삐딱한 표정으로 콧방귀를 뀌었다.

"흥, 그렇겠지."

"로절린드, 너무 그렇게 투덜대지 맙시다. 원칙대로라면, 당신은 여기

올 자격도 없지 않소? 나야 뭐, 규칙 같은 거 크게 신경 쓰지 않지만……. 그래도 조심해요!"

흰머리가 사방으로 마구 뻗친 남자가 말했다. 꼭 전기 충격을 받은 것 같았다.

메리는 그 남자를 유심히 살펴보았다. 낯이 무척 익었다. 메리 방에 걸려 있는 포스터 속 인물과 비슷했다. 텁수룩한 콧수염에 미소 짓는 눈매까지 똑 닮아 있었다. 하지만 포스터 속 그 사람은 알베르트 아인슈타인으로, 이미 오래전에 세상을 떠났다. 그러니까 절대로 그 사람일 리가 없었다. 음, 그렇지 않나?

메리는 보관함 뒤에서 나온 다음, 엉금엉금 기어서 화이트보드 가까이로 다가갔다. 불빛이 너무 어두운 탓에 조금이라도 더 잘 보기 위해서였다. 그런데 그만 벽에 세워 둔 긴 빗자루에 발이 걸리고 말았다. 순간, 빗자루가 메리 머리 위로 픽 쓰러졌다.

"아얏!"

메리는 자기도 모르게 외마디 소리를 내며 머리를 손으로 문질렀다. 그러고는 뿌루퉁한 얼굴을 하고서 자리에서 엉거주춤 일어났다. 그 자리에 모여 있던 사람들은 하나같이 충격받은 표정을 지은 채 메리를 뚫어지게 쳐다보았다. 메리는 주변을 휘둘러보며 이렇게 물었다.

"혹시 여기에 마셜 교수님이 계신가요? 저는 그분을 만나려고 왔거든요. 그런데 지금 약속 시간이 훨씬 지났어요. 밖에서 다들 애타게 기다리고 있는데…….”

그러자 화이트보드 앞에 서 있던 남자가 시계를 확인했다.

“내가 마셜 교수란다. 이렇게 이야기를 나누다가 맨날 약속 시간을 잊어버리곤 하지. 자, 이제 우리도 마무리를 해야겠군요. 다음번에는 플레밍 씨의 연구실에서 만나도록 하겠습니다.”

마셜 교수가 주머니에서 금색 공처럼 생긴 걸 꺼냈다. 그리고 그것을 가만히 들여다보며 말을 이었다.

“자, 메리, 다시 한 번 알려 주세요. 이 사람들을 전부 원래 시간대로 돌려 보내려면 어떻게 해야 할까요?”

“저기요, 제가 메리인데요. 지금 무슨 얘기를 하시는 건지…….”

메리가 눈을 동그랗게 뜨고서 말했다. 그러자 마셜 교수가 고개를 들고 메리를 빤히 바라보았다.

“그래, 이해할 수 없을 거야. 적어도 아직은…….”

그때 스카프로 얼굴을 가린 여자가 마셜 교수의 귀에다 대고 뭐라고 속삭였다.

마셜 교수가 다시 입을 열었다.

“그래요, 그게 옳겠죠. 이것참, 난처하게 됐군요. 하지만 저 애는 우리를 봤어요. 우리에겐 그걸 되돌릴 방법이 없다고요.”

“일단 비밀을 지키겠다는 맹세를 받아 내야지.”

안경 낀 여자가 말했다.

"아니면 돈으로 매수하거나."

이번엔 말쑥한 옷차림의 키 큰 남자가 말했다. 얼굴이 긴 그 사람은 짧은 머리칼에 기름을 발라 매끈하게 뒤로 넘기고 있었다.

"그런데……, 다들 누구세요?"

메리가 다시 두 눈을 동그랗게 뜨고서 물었다. 잠시 어색한 침묵이 흘렀다.

"왜냐하면 아저씨는 꼭 알베르트 아인슈타인처럼 생겼거든요."

메리는 흰머리칼이 사방으로 뻗친 남자를 가리켰다. 그 남자가 빙긋 웃으며 대답했다.

"나 맞아!"

"하지만 그분은……."

메리는 뒷말을 꿀꺽 삼켰다. 아인슈타인이 대신 말했다.

"죽었다고? 그래, 네가 사는 시대에서는 그렇지. 이게 바로 시간 여행의 놀라움이란다. 사실 여기 있는 사람들 대부분이 네 시대에서는 죽었거든. 이 모임의 주최자인 배리 마셜 교수만 빼고."

아인슈타인이 마셜 교수를 가리켰다. 마셜 교수는 고개를 끄덕이며 그의 말을 순순히 인정했다.

"참, 여기 있는 투유유도 빼고."

아인슈타인이 아까 그 안경 낀 여자를 가리키며 말을 이었다.

"투유유는 신입 회원이야. 노벨상 수상자들의 비밀 모임에 들어온 지

이삼 년 정도밖에 안 되었으니까. 그리고 여기 있는 신사 세 명은 오늘 처음 참석했지. 우리는 지금 이 사람들한테 규칙을 설명해 주고 있었어. 여기선 과학 말고는 그 어떤 것도 토론해선 안 되거든. 어떤 사람의 미래에 대해서 말해 줘서도 안 되고. 규칙, 규칙, 규칙. 아, 정말이지 규칙은 너무 따분해."

"알베르트! 이제 그만!"

옛날 스타일의 검은색 드레스를 입은 여자가 절망적인 표정을 지은 채 아인슈타인을 쳐다보았다.

메리는 이걸 믿어야 할지 말아야 할지 고민이 되기 시작했다. 시간 여행이라고? 그게 가능한 얘기인가? 절로 고개가 갸우뚱거려지지 않을 수 없었다. 아, 물론 메리도 잘 알고 있었다. 과학자라면 언제나 열린 마음으로 세상을 바라봐야 한다는 걸.

"그건 그렇고, 나를 왜 보고 싶어 한 거니?"

마셜 교수가 메리에게 물었다.

"제가 어떻게 하면 나중에 노벨상을 탈 수 있는지 여쭤 보려고요."

메리가 주변을 둘러보며 말을 이었다.

"다른 분들도 마찬가지예요! 노벨상을 어떻게 타게 되었는지 궁금해요. 그리고……."

메리는 잠시 망설였다. 방금 떠오른 생각이 좋은 건지 아닌 건지 확신이 서지 않았기 때문이다.

“만약 알려 주지 않으면 이 비밀 모임을 다른 사람들한테 다 말해 버릴 거예요!”

그 순간, 마셜 교수가 한숨을 푹 내쉬었다. 그러고는 스카프로 얼굴을 가린 여자를 힐끗 쳐다보았다. 그 여자는 방 뒤쪽 그늘진 곳에 서 있었다. 그 여자가 조용히 고개를 끄덕였다.

이윽고 마셜 교수가 말했다.

“그래, 알았어. 그 대신 밖에 나가서 잠깐 기다려 줄래?”

메리는 선선히 그러겠다고 대답했다. 자신의 계획이 성공해서 마음이 놓이는 한편, 너무 쉽게 먹혀서 신기하기도 했다. 메리는 곧 복도로 나갔다. 닫힌 문 안쪽에서 크게 떠드는 소리가 들렸다.

언뜻 논쟁을 하는 것처럼 들리기도 했다. 얼마 안 있어, 밝은 빛이 번쩍하는가 싶더니 모든 것이 조용해졌다.

잠시 후, 마셜 교수가 문을 열었다. 방 안에는 아무도 없었다.

“제비뽑기를 했어. 너는 앞으로 노벨상 수상자 열한 명을 만나게 될 거야. 그 수상자들이 살았던 시대로 직접 가서 말이지. 다시 오지 않을 기회니까 궁금한 게 있으면 뭐든 다 물어봐. 하지만 우리의 비밀은 영원히 지켜야 해. 자, 어때?”

“좋아요! 교수님, 정말 고맙습니다.”

“나를 너무 어려워하지 않아도 돼. 으흠, 그럼 바로 출발할까?”

“바로요? 하지만 교수님은 지금 다른 모임에 가셔야 하는걸요. 벌써 늦었다고요.”

“물론 그렇지. 하지만 걱정 마. 나한텐 타임머신이 있으니까!”

마셜 교수가 잔뜩 찌푸린 얼굴로 손 안의 금색 공을 뚫어지게 바라보며 이렇게 중얼거렸다.

“내 생각엔, 이게 맞을 거야. 어디 한번 보자.”

그러더니 금색 공의 버튼을 꾹 눌렀다. 곧이어 마셜 교수와 메리의 주변이 빙글빙글 돌기 시작했다. 어느새 그들은 빛에 둘러싸여 있었다. 복도와 문이 점점 흐릿해졌다. 이유는 알 수 없지만, 눈앞에서 별이 번쩍거렸다.

그리고 모든 게 사라졌다!

노벨상의 탄생

알프레드 노벨은 1833년에 스웨덴의 부유한 집안에서 태어났다. 그런데 러시아가 크리미아 전쟁에서 패배하면서, 베니어를 발명한 건축가이자 무기 제조업자였던 아버지의 사업이 망해 버렸다. 얼마 뒤, 소총 개머리판에 쓸 목재를 구하러 바쿠 지역을 방문한 아버지가 유전에 투자하면서 노벨 집안은 '석유'라는 새로운 기회를 손에 쥐게 되었다.

그 후 노벨은 다이너마이트와 폭발성 젤라틴, 무연 화약 등을 잇따라 발명했으며, 오래지 않아 세계 각국에 무기 및 폭약 공장을 90개나 소유한 재산가로 떠올랐다. 이렇게 다국적 기업 총수로, 또 발명가로 승승장구하던 노벨은 1888년에 대전환의 계기를 맞았다.

바로 윗형의 죽음을 노벨의 사망으로 착각한 파리의 한 신문사가 '죽음의 상인 노벨 사망'이라는 부고 기사를 내보냈던 것이다. 그걸 보고 충격을 받은 나머지, 인류를 위해 공헌한 사람들을 위해 전 재산을 바치기로 결심했다. 그의 뜻을 기려 지금도 해마다 노벨의 사망일(12월 10일)에 노벨상 시상식이 열리고 있다.

물리학, 화학, 생리·의학, 문학, 평화 등, 수상 분야도 미리 정해 두었다. 한때 폭발과 파괴를 떠올리게 했던 '노벨'이 지금은 과학과 예술, 평화의 발전에 크게 기여하고 있는 셈이다.

모든 것은 상대적이다

알베르트 아인슈타인

메리와 마셜 교수는 곧 어떤 꼬마가 책상 앞에 앉아 있는 방 한가운데에 우뚝 멈춰 섰다. 그 아이는 책상다리를 하고서 나침반을 뚫어지게 바라보고 있었다.

"이런, 너무 앞으로 왔군. 이건 내 실수!"

마셜 교수가 타임머신을 내려다보며 말했다. 그러더니 타임머신의 숫자판을 돌리고서 아까 그 버튼을 한 번 더 꾹 눌렀다. 곧이어 주변이 맹렬한 기세로 빙글빙글 돌기 시작했다. 메리와 마셜 교수는 순식간에 작은 의학 실험실에 도착했다.

마셜 교수가 타임머신을 들여다보며 중얼거렸다.

"어이쿠, 1973년이네? 이번엔 너무 뒤로 왔군. 잠깐만 기다려 봐."

마셜 교수가 숫자판을 이리저리 살피는 동안, 메리는 실험실을 빙 둘러보았다. 실험대 위에 커다란 유리병이 하나 놓여 있었다. 유리병은 노란색의 탁한 액체로 가득 차 있었는데, 그 안에 수상쩍은 물질이 잔뜩 떠다녔다.

메리가 고개를 갸우뚱거리며 물었다.

"혹시 이거 사람의 뇌예요?"

마셜 교수가 유리병을 힐끗 보더니 진지한 얼굴로 대답했다.

"아, 그건 그냥 '사람'의 뇌가 아니야. 알베르트 아인슈타인의 것이지.

아인슈타인의 뇌는 사망 당시 240조각으로 분해되어 연구 목적으로 쓰였거든. 그런데 막상 부검을 해 보니까, 다른 사람들의 뇌랑 별반 차이가 없었다지 뭐야. 아인슈타인이 그 뇌로 한 일은 정말이지 어마어마한 것이었는데도…….”

메리는 마셜 교수의 이야기를 듣고서 곰곰이 생각에 잠겼다. 잠시 뒤, 마셜 교수가 의기양양한 목소리로 외쳤다.

“알았다! 이걸 어떻게 작동시켜야 하는지 이제 알 것 같아.”

마셜 교수가 그 버튼을 또 꾹 눌렀다. 이번에는 조그마한 사무실로 이동했다. 작은 책상 위에는 종이가 산더미처럼 쌓여 있었다.

마셜 교수가 메리 귀에 대고 나직이 속삭였다.

“어쩌면 적당한 때가 아닐지도 몰라. 열심히 일하고 있는데, 우리가 방해하는 것일 수도……. 여기는 1905년의 스위스거든.”

그때 종이 더미 뒤에서 어떤 남자가 톡 튀어나왔다. 그 사람은 곱슬곱슬한 검정색 머리칼에 텁수룩한 콧수염을 기르고 있었다.

다행히 메리와 마셜 교수를 보고서 빙긋이 웃었다.

“메리, 또 들러 주다니! 이거 영광이군. 그런데 키가 약간 줄었네?”

그러자 마셜 교수가 얼굴을 찌푸리며 대꾸했다.

“알베르트, 메리는 아직 열네 살이라고요.”

“아, 그렇지! 내가 착각했어. 잠깐 헷갈린 거야. 머릿속이 복잡해서. 이것들을 좀 보라고…….”

아인슈타인은 주변에 쌓인 종이 뭉치를 손으로 가리켰다.

"여기는 아주 중요한 일을 하는 곳이죠? 그렇죠?"

메리가 아주 공손한 태도로 물었다. 그러면서 조금 전에 봤던, 유리병 속에 담긴 아인슈타인의 뇌를 잊으려 애썼다.

"아니야, 여긴 뭐 별거 없어. 아침에 커피를 마시기 전에 이미 다 끝냈는걸. 요즘 나는 매우 중요한 과학 논문을 준비하고 있어. 올해 제출할 거야, 바로 이거……."

아인슈타인은 글씨를 마구 휘갈겨 놓은 메모장을 손에 들고 슬쩍 흔들었다.

"내 평생의 대작이지. 이건 첫 번째 논문인데, 앞으로 몇 편 더 쓸 거야. 이건 특수 상대성에 대한 이론……. 메리, 이것 좀 봐."

아인슈타인은 책상에 쌓여 있던 서류 뭉치를 바닥으로 휙 쓸어 버리고는 그 자리에 머그컵 하나를 내려놓았다.

"머그컵이 어느 쪽에 있지? 책상 왼쪽? 아니면 오른쪽?"

"오른쪽이요."

"에이, 나한테는 아닌데?"

아인슈타인이 책상 건너편에서 소리쳤다.

"이쪽으로 와 봐. 여기서 보면 왼쪽이거든. 그렇지? 모든 것은 다 상대적이야. 네가 어느 쪽에 있느냐에 따라서……."

그러자 메리가 마셜 교수를 힐끗 쳐다보고서 우물거리듯 대꾸했다.

"물론 그렇죠. 하지만 그건…… 너무 뻔한 얘기 아닌가요?"

"그렇지, 그러면 여기에다가 움직임을 더해 볼까? 자, 이 머그컵을 우주선에 싣는 거야. 그리고 그 우주선이 네 옆으로 지나간다고 가정해 보자. 만약 네가 가만히 서 있다면 그 머그컵의 속도를 계산할 수 있을 거야, 그렇지? 아주 쉬워. 그런데 만약 네가 다른 우주선에 타고서 아까 그 머그컵을 실은 우주선과 다른 방향으로 간다면? 그럴 경우엔 어떻게 하지? 그땐 그 머그컵이 너와 네 운동에 대해서 상대적으로 어떻게 움직이고 있는지를 알아낼 수 있을 뿐이야.

사람들은 지금까지 어떤 고정된 위치가 있다고 가정해 왔어. 그리고 그 위치에서 모든 운동을 다 측정할 수 있다고 생각했지. 하지만 그건 사실이 아니야. 모든 건 상대적이거든! 공간도, 운동도! 심지어 시간도 그래! 딱 하나 예외가 있는데, 바로 빛의 속도야. 그건 절대로 변하지 않거든. 아주 흥미롭지 않니? 빛은 네가 우주의 어느 곳에 있든, 얼마나 빨리 움직이든 상관없이 항상 1초에 299,792,458미터를 가니까. 그리고 이 세상에 빛보다 빠른 건 아직 없어. 속도의 한계라고 할 수 있지."

"사실 빛의 속도 때문에 짜증이 좀 나긴 해요."

메리가 투덜거리자 마셜 교수가 끼어들었다.

"우주여행을 매우 어렵게 만드니까요. 재미있는 곳으로 가는 데 시간이 엄청나게 오래 걸리거든요."

"그래, 빛의 속도는 언제나 일정하지. 불행하게도 말이야."

아인슈타인이 다시 말을 이었다.

"$E=mc^2$이라고 들어 봤니? 내 유명한 방정식 말이야. 여기서 'c'는 빛의 속도야. 'E'는 에너지고, 'm'은 질량. 나는 에너지와 질량이 형태만 다를 뿐, 실제로는 같은 거라는 사실을 증명했지. 에너지가 질량이 될 수도 있어! 질량이 에너지가 될 수도 있고!"

"그건 나중에 원자폭탄의 기본 원리가 되지요."

마셜 교수가 한마디 거들었다. 순간, 아인슈타인의 콧수염이 아래로 축 처졌다. 왠지 무척 슬퍼 보였다.

"굳이 그걸 떠올리도록 하지는 말게."

"어쨌든 노벨상을 받으셨잖아요?"

메리가 아인슈타인의 기분을 띄워 주려고 애쓰며 말했다.

"이 이론으로 받은 게 아니야. 나는 아마도 1912년에 노벨상 수상자 후보로 지명될 거야. 그 뒤로 해마다 후보에 오르게 되지. 하지만 이 이론은 논쟁의 여지가 많을 뿐 아니라 증명하기가 무척 어려워. 솔직히 말하면, 사람들이 내 이론을 정말로 이해한 건지도 모르겠어. 그러다가 1921년에 노벨상을 받게 돼. 빛을 연구해서 알아낸 발견으로 말이지."

아인슈타인은 잠시 말을 멈추더니, 책상 위에 쌓인 종이를 손으로 휙휙 빠르게 넘겼다.

"사실 빛에 대한 연구도 올해 한 거야. 여기 어딘가에 있을 텐데. 음, 그리고 이 이야기는 꼭 비밀로 해 줄래? 내가 노벨상을 받게 되면, 수락

강연에서 상대성 이론에 대해 말할 거여서…….”

아인슈타인이 키득키득 웃으며 말을 이었다.

“그것 때문에 몇몇 사람들은 열 좀 받을걸. 자, 그건 그렇고, 우리 꼬마 아가씨 메리는 시간이 뭐라고 생각하니? 그게 뭔지 잘 알겠어?”

메리는 마셜 교수를 힐끗 보고는 이렇게 대답했다.

“글쎄요, 잘 모르겠어요. 저는 시간이라는 게 그냥 몇 초나 몇 분, 몇 시간, 며칠, 몇 년 같은 거라고 생각했거든요. 그리고 지나온 과거는 영원히 사라진다고요. 그런데 제가 생각한 것보다 훨씬 더 복잡하네요.”

아인슈타인이 환하게 웃었다.

“그렇지! 혹시 그거 알고 있니? 네가 빨리 움직일수록 시간은 천천히 흐른다는 거? 흠, 네가 몇 살이라고 했더라. 열네 살?”

메리가 고개를 끄덕였다.

“그럼 이렇게 상상해 보자. 네가 지금 당장 지구를 떠나 우주여행을 하는 거야, 최대한 빠른 속도로. 그러니까 거의 빛과 같은 속도로 5년 동안 말이지. 여기서 중요한 건 이거야. 네가 5년이 지났다고 느꼈다는 거. 네가 다시 지구로 돌아왔을 때, 너는 몇 살일까?”

“어렵지 않네요. 열아홉 살이겠죠.”

“그래, 맞아. 하지만 시간은 너한테서 매우 느리게 흘러갔어. 네가 빠르게 움직였기 때문이지. 지구에 남아 있는 네 친구들에 비해서 말이야. 친구들한테는 50년이라는 시간이 흘렀거든. 자, 상상해 봐. 친구들은 나이가 들어서 얼굴에 주름이 자글자글해져 있을 거야. 심지어, 여기 있는 마셜 교수보다 더 늙었을걸."

그러자 메리가 마뜩잖은 표정을 지었다.

"그 말은, 제가 미래로 갈 수 있다는 이야기잖아요."

"그렇지! 미래로 가는 여행은 생각보다 쉬워. 글쎄, 언젠가는 그럴 수 있는 날이 오겠지."

"그렇다면 과거 여행은 어떻게 하는 거예요? 마셜 교수님이랑 제가 한 것처럼 말이죠. 대체 어떤 원리예요?"

아인슈타인이 걱정스런 표정으로 마셜 교수를 쳐다보았다.

"그걸 알아내려면 내 뇌보다 더 큰 뇌가 필요할 거야. 누군가 알아내겠지, 언젠가……."

그때 밖에서 문을 쾅쾅 두드리는 소리가 났다.

"알베르트! 특허 출원서를 어디 둔 거야? 어제까지 끝냈어야 하는데."

그러자 아인슈타인이 허둥거리며 말했다.

"이만 헤어지는 게 좋겠구나. 참, 너는 내 조언을 들으려고 여기까지 온 거잖아, 그렇지? 그렇다면 내가 해 줄 수 있는 말은, 느긋하게 여유를 갖고 생각하라는 거야. 어떤 문제는 몇 주나 몇 달 안에 해결할 수 없거든. 십 년이나 이십 년이 걸리기도 하지. 난 결코 남들보다 똑똑하거나 지능적이지 않아. 문제를 해결하는 데 더 많은 시간을 할애할 뿐……. 아마 우리는 또 만날 거란다. 미국에서 보게 될걸. 그 사람들이 나를 무척 좋아할 거거든. 나는 곧 유명 인사가 될 거야!"

순간, 메리는 깜짝 놀랐다. 아인슈타인이 눈썹을 치켜올리고서 혀를 쏙 내밀었기 때문이다.

"내 얼굴이 티셔츠에 새겨질 거야, 그것도 아주 오랫동안."

알베르트 아인슈타인은 독일 태생의 유대계 이론 물리학자로, 상대성 이론을 발표해 과학계의 혁명을 이끌었다. 1921년에 '광전 효과를 발견하고 이론 물리학의 발전에 기여한 공로'를 인정받아 노벨 물리학상을 받았다. 아인슈타인의 뇌는 지금도 그 일부가 미국 필라델피아의 의학 박물관에서 전시되고 있다. 2005년에는 우리나라 국립 서울 과학관에서 아인슈타인의 뇌 표본을 3개월간 전시하기도 했다.

노벨상 뒷이야기

시간과 공간의 비밀

아인슈타인의 특수 상대성 이론은 시간과 공간에 대한 우리의 사고방식에 혁명을 일으켰다. 오늘날 우리는 우주가 세 개의 공간 차원, 즉 위/아래, 왼쪽/오른쪽, 앞/뒤의 공간 차원과 한 개의 시간 차원으로 이루어져 있다는 것을 알고 있다.

이것을 '4차원', 혹은 '시공 연속체'라고 부른다. 어떤 물건이 어디에 있는지 설명하려면, 그것이 놓인 위치뿐만 아니라 시간까지도 고려해야 한다. 지금 책상 위에 놓인 책이 과연 내일도 그 자리에 그대로 있을까?

우리가 사는 이 세계에서 시간은 항상 일정한 속도를 유지한다. 다만, 엄청나게 빠른 속도로 움직이는 사람에게만 시간이 느리게 흘러갈 뿐이다. 하지만 오늘날 과학자들은 중력이 매우 강한 곳에서도 시간은 천천히 흐른다고 주장한다. 심지어 블랙홀과 가까운 곳에서도.

만약 우리가 우주선을 타고 블랙홀에 가까이 다가간다면? 우리의 시간이 무척 느려질 것이다. 하지만 우리를 뺀 나머지 우주에서는? 시간이 빨리 흐르는 것처럼 보이게 된다. 그러다 만약 우리가 블랙홀에서 멀어지게 되면, 아주 효과적으로 미래 여행을 할 수 있지 않을까?

실험해 봅시다

빛은 얼마나 빠를까?

전자레인지는 빛의 속도로 움직이는 에너지의 파동을 이용해서 음식을 데운다. 이번 실험에서는 납작한 판 초콜릿을 전자레인지로 데운 뒤 빛의 속도를 계산할 것이다.

준비물

- 판 초콜릿 1개(울룩불룩하지 않고 납작한 것으로 준비할 것)
- 전자레인지
- 접시
- 눈금자(mm)
- 계산기

실험

1. 전자레인지의 주파수를 확인한다. 주파수는 '진동수'라고도 부른다. 이것은 전자레인지의 문 안쪽이나 뒷면에 붙은 라벨, 또는 사용 설명서에 자세히 적혀 있다. 주파수는 메가헤르츠(MHz)나 기가헤르츠(GHz)의 단위를 의미하며, '헤르츠(Hz)'란 진동이 1초 동안 몇 번 반복되었는지를 횟수로

나타낸 것이다.

2. 아래의 식을 이용해 전자레인지의 주파수를 헤르츠로 바꿔 보자.

주파수(GHz) __________ × 1,000,000,000 = __________ 헤르츠

주파수(MHz) __________ × 1,000,000 = __________ 헤르츠

3. 전자레인지 바닥에 회전판이 있다면, 그것을 꺼낸 뒤 그 자리에 평범한 접시를 뒤집어서 놓는다.

4. 접시에 초콜릿을 올려놓고 전자레인지를 돌린다. 초콜릿에 녹는 곳이 두세 군데 생기면 정지시킨다. 아마도 20초 정도 걸릴 것이다.

5. 전자레인지에서 접시를 꺼낸 다음, 초콜릿에서 녹은 곳 사이의 거리를 잰다. 그 거리는 파장의 절반에 해당된다.

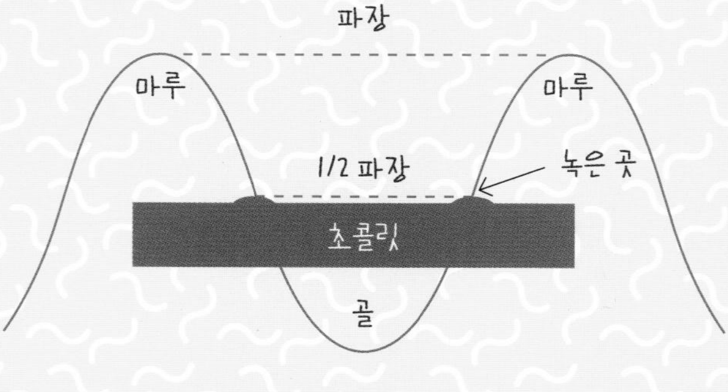

6. 아래 식을 이용해 파장을 밀리미터 단위로 계산해 보자.

녹은 곳 사이의 거리(mm) __________ × 2 = __________ mm

7. 아래 식을 이용해 파장을 미터 단위로 바꿔 보자.

파장(mm) __________ ÷ 1000 = __________ m

8. 아래 식을 이용해 빛의 속도를 초당 미터 단위(m/s)로 구해 보자.

빛의 속도 = 주파수(Hz) × 파장(m)

= __________ (Hz) × __________ (m)

= __________ m/s

확인

빛의 속도는 대략 300,000,000(3×10^8)m/s이다.

이것을 실험으로 얻은 답과 비교해 보자.

우리는 노벨상 가족

마리 퀴리

메리와 마셜 교수는 연구 센터의 복도로 다시 돌아왔다.

“어때, 괜찮았니?”

마셜 교수가 물었다.

“네, 괜찮은 것 같아요. 좀 어질어질하긴 하지만.”

“그건 어느 정도 예상했던 일이지. 자, 목록을 한번 확인해 보자.”

마셜 교수가 주머니에서 쪽지를 하나 꺼냈다. 그런 다음 ‘알베르트 아인슈타인’에 줄을 쭉 그어 지웠다.

“이다음에 만날 과학자는 여성으로서 처음 노벨상을 받은 분이야. 노벨상을 두 번 받은 수상자도 그분이 처음이지. 그것도 서로 다른 과학 분야에서 말이야. 이건 지금까지도 깨지지 않은 기록이란다. 진짜 멋지지 않니?"

마셜 교수의 목소리가 잦아들더니, 잠시 넋을 잃고 멍한 눈길로 서 있었다. 곧이어 입가에 옅은 미소가 번졌다.

"그럼, 이제 어디로 가요? 그리고 언제로요? 교수님, 아인슈타인이 뭐라고 했는지 기억나죠? 우리는 장소뿐만 아니라 시간도 잘 맞춰야 한다고요."

그제야 마셜 교수는 정신을 차린 듯 우물거렸다.

"1925년, 파리."

마셜 교수가 타임머신의 숫자판을 돌리고서 버튼을 꾹 눌렀다. 그러자 주변이 순식간에 흐릿해졌다. 잠시 후, 그들은 햇살이 환하게 쏟아져 들어오는 커다란 실험실 한가운데로 이동했다.

실험대 위에는 대형 유리병이 여러 개 놓여 있었고, 그 유리병 위로 가느다란 관이 꽂혀 있었다. 분젠 버너와 옛날식 저울, 계량컵, 그리고 이런저런 기계가 보였다. 기계에는 숫자판과 갖가지 장치가 너무 많이 붙어 있어서, 그게 어디에 쓰이는 건지 짐작조차 하기 어려웠다.

그리고 앞면이 유리로 된 캐비닛이 벽 쪽으로 여러 개 따닥따닥 붙어 있었다. 캐비닛 안에는 책과 종이 뭉치가 가득했다. 딱 한 개의 캐비닛에만 작은 유리병이 두 개 놓여 있었는데, 유리병에는 손으로 쓴 라벨이 붙어 있었다.

메리가 그것을 가만히 들여다보았다.

“폴로늄, 라듐.”

두 번째 병에선 파란빛이 희미하게 새어 나오는 것 같았다. 메리는 좀 더 자세히 보려고 몸을 깊숙이 숙였다.

“앗, 떨어져! 거기서 멀리 떨어지라고!”

그때 마셜 교수가 메리의 팔을 황급히 붙잡고서 세게 잡아당겼다.

메리가 마셜 교수의 난데없는 행동에 막 심통을 부리려는 찰나, 푸석푸석한 흰색 머리칼에 낡은 남색 드레스를 입은 여자가 문을 열고 성큼성큼 걸어 들어왔다.

“이렌, 얼른 들어와.”

그러고는 뒤를 돌아보며 한마디 덧붙였다.

“할 일이 많이 남았니?”

곧이어 젊은 여자가 뒤따라 들어왔다. 앞의 여자와 비슷하게 생겼지만 머리카락 색깔이 좀 더 짙었다.

마셜 교수가 짐짓 큼큼 헛기침을 했다. 그러자 나이 많은 여자가 마셜 교수를 발견하고서 뚱한 얼굴로 바라보았다.

"아, 마셜 교수군요? 이번엔 무슨 일이죠? 나는 지금 아주 바쁘거든요. 노벨상을 두 번이나 받았다고 해서 연구를 게을리할 수는 없으니까요."

"죄송합니다, 마리 퀴리. 지난번에 동의하신 대로 메리를 이곳에 데려왔습니다. 메리, 이분이 바로 마리 퀴리란다. 여기 이분은 마리 퀴리의 딸인……."

"내 이름은 이렌이야."

젊은 여자가 손을 내밀며 메리에게 악수를 청했다. 그러더니 메리의 얼굴을 자세히 들여다보며 말을 이었다.

"얘는 너무 어린 것 같은데요, 엄마."

"어리다고 해서 과학적 발견을 할 수 없는 건 아니야. 이렌, 내 말을 깊이 명심하도록 해. 너도 어릴 때부터 과학 교육을 받았잖니? 그 전쟁만 아니었어도 박사 학위를 진작에 땄을걸. 음, 운이 안 따라 주었지. 그 덕분에 나는 네 도움을 많이 받았지만. 나랑 같이 전쟁터에 나가서, 끔찍한 부상을 입은 군인들을 치료하는 데 큰 도움을 주었으니까."

"참, 이번에 박사 학위 받으셨죠? 이렌, 축하합니다. 폴로늄을 분석한 그 논문은 정말로 훌륭했어요."

마셜 교수가 칭찬을 늘어놓자 이렌의 얼굴이 금세 빨개졌다.

"고맙습니다. 전 그저 즐겁게 연구를 했을 뿐이에요. 요즘엔 엄마의 조수인 프레데리크한테 제가 알고 있는 과학 기술을 가르치고 있지요. 저희도 몇 년 안에 노벨상을 수상……."

그러자 마리 퀴리가 얼른 말을 끊었다.

"메리, 사실 폴로늄은 내가 발견한 거란다. 내 남편 피에르가 도움을 많이 주었지. 미세한 전기 흐름을 정확하게 측정할 수 있는 장비를 만들어 줬거든. 하지만 그 아이디어! 그건 내가 떠올린 거야!"

"그래서 아빠랑 같이 노벨상을 받으신 거잖아요."

이렌이 끼어들었다.

"그래, 맞아. 첫 번째는 그랬지, 두 번째는 아니지만."

"그런데 폴로늄이 뭐예요?"

메리가 궁금증을 누르지 못하고 물었다.

"방사성 원소란다."

마리 퀴리가 처음으로 메리를 다정하게 바라보며 친절한 얼굴로 설명을 해 주었다.

"다시 말해, 원자의 핵에서 에너지를 내뿜는 물질이지. 원자 그 자체에서 말이야! 정말 대단하지 않니? 다른 과학자들은 전부 엑스선에 사로잡혀 있었어. 최초로 발견된 방사선 말이야. 그걸로 몸속의 뼈를 사진 찍어서 들여다보느라 정신이 없었지. 물론 엑스선은 쓸모가 많아. 나도 엑스선 촬영 기계를 트럭에 싣고서 전쟁터를 누비며 병사들을 치료하는 데 사용했으니까. 하지만 거기에는 한계가 있단다. 어떤 과학자들은 방사선이 뭔지 알고 있었지만, 그 힘이 굉장히 약하다고 생각했지.

그건 잘못된 생각이야. 피에르와 내가 측정한 그 에너지의 근원을 분리하는 데 몇 년이나 걸렸는데……. 엄청난 양의 우라늄을 해체하고 나서야 마침내 그것을 발견할 수 있었지. 알고 보니까, 그 원소들은 에너지가 너무너무 강력했어. 우리가 작업하던 광물에는 아주 조금 들어 있었던 거고. 사실 그 에너지가 방사선을 내보내지 않았다면, 우리는 거기에 그런 원소가 있는 줄도 몰랐을걸.

우리는 학교 옆에 버려진 창고에서 밤낮으로 연구하며 추운 겨울을 보냈지. 어쨌든 결국에 성공을 거두었어. 첫 번째 방사성 원소인 폴로늄은 내 소중한 고국, 폴란드의 이름을 따서 지은 거야. 두 번째는 라듐이라고 지었는데, 그건 방사선을 뜻하는 라틴어에서 가져온 거고. 그리고 가장 신나는 일이 뭔지 아니, 메리? 방사선이 몸속에서 마술을 부릴 수 있다는 걸 발견한 거지. 심지어 암세포도 없앨 수 있어!"

"하지만 방사선은 위험한 거 아니에요?"

메리가 조금 전에 관심 있게 들여다본 유리병을 걱정스런 눈길로 바라보았다. 캐비닛 안의 그 유리병에선 여전히 파란빛이 희미하게 새어 나오고 있었다.

마리 퀴리는 가당찮다는 듯 손을 내저으며 대답했다.

"그렇지 않아. 글쎄, 뭐, 약간은 그럴 수도 있겠지. 하지만 우리는 어차피 언젠가 전부 죽지 않니?"

그때 이렌이 슬픔에 잠긴 목소리로 중얼거렸다.

"아, 불쌍한 우리 아빠. 마차에 깔리셨을 때, 아빠는 분명 작업 중이던 연구를 생각하고 계셨을 거예요. 아빠랑 엄마는 항상 피곤에 절어 계셨지요. 엄마는 지금도 그렇고요."

마리 퀴리는 다소 창백하고 야위어 보였다. 사실 이렌도 딱히 다를 바가 없었다. 메리는 자기도 모르게 그 캐비닛에서 슬금슬금 뒷걸음질을 했다.

"으흠, 저기, 바쁘실 텐데 너무 오래 붙잡고 있으면 안 되겠죠. 메리한테 특별히 조언해 주실 게 있나요?"

마셜 교수가 조심스럽게 물었다. 왠지는 모르겠지만, 어서 빨리 다음 수상자에게로 가고 싶은 모양이었다.

"메리, 네가 하는 일을 사랑해야 해. 그래서 그 일에 평생 헌신할 수 있어야 한단다. 알다시피 나는 노벨상을 받은 첫 번째 여성이야. 결코 쉽지 않았지. 하지만 나는 남편을 사랑했고, 우리는 둘 다 일을 사랑했어."

마리 퀴리가 입고 있던 옷을 보여 주며 덧붙였다.

"이건 내 웨딩드레스야. 동시에 실험실 가운이기도 하지. 음, 명성이나 부를 얻기 위해서 연구를 하면 안 돼. 우리 애들은 어릴 때 무척 힘들게 생활했단다. 내가 맨날 정신없이 바빴으니까. 몇 년 전에는 내가 발견한 라듐으로 재산을 꽤 모을 수도 있었어. 마음만 먹으면 힘들게 연구하지 않고 편안히 지낼 수 있었지. 하지만 나는 연구를 계속하기로 했단다. 그 덕분에 내 방사선 치료법이 인류 전체에 이익을 안겨 주고 있는 거야."

"정말 훌륭하십니다. 자, 그럼, 메리. 우리는 이제 슬슬 다른 곳으로 출발해 볼까? 시간이 빠듯하거든."

마셜 교수가 근심스런 얼굴로 캐비닛 안의 그 유리병들을 힐끗 쳐다보았다.

"왜 그렇게 서두르세요? 우리에겐 타임머신이 있잖아요. 시간은 얼마든지 있다고요."

메리가 말했다.

"아니야, 그렇지 않아. 지금 바로 출발해야 해."

마셜 교수가 타임머신의 숫자판을 서둘러 돌렸다.

이렌이 메리의 팔을 급히 잡더니 귀에 대고 뭐라고 속삭였다.

"메리, 항상 조심해야 해. 그리고 연구에 열중하다 보면 이따금 좋은 것들을 얻게 되기도 해. 공로를 인정받아 상을 받거나, 사랑하는 사람을 만날 수도 있지. 엄마랑 나만큼 운이 좋다면 말이야. 그런데 우리는 항상 알려진 것과 알려지지 않은 것의 경계에서 연구를 해. 알려지지 않은 것 가운데는 매우 위험한 것이 숨어 있을 수도 있지."

바로 그 순간, 주변이 옆으로 급히 기울어지기 시작했다. 마리 퀴리와 이렌이 이내 홀쭉해졌다. 둘은 점점 희미해지는가 싶더니, 어느새 흔적도 없이 사라져 버렸다.

마리 퀴리는 폴란드 바르샤바 출신의 물리학자이자 화학자로, 1903년에 남편 피에르 퀴리와 함께 새로운 방사성 원소 폴로늄과 라듐을 발견하여 노벨 물리학상을 받았다. 남편이 세상을 떠난 후, 그 자리를 이어받아서 소르본 대학 최초의 여교수가 되었다.

그리고 1911년에는 라듐의 분리에 성공하여 노벨 화학상을 받았다. 평생토록 실험과 연구에 몰두하던 마리 퀴리와 딸 이렌은 방사선에 오랜 시간 노출된 나머지, 둘 다 백혈병을 앓다가 세상을 떠났다.

노벨상 뒷이야기

노벨상을 두 번 받은 사람들

마리 퀴리는 노벨상을 두 번 받은 첫 번째 수상자이다. 그 뒤에 이런 수상자가 몇 명 더 나왔다. 존 바딘(1956년과 1972년, 물리학상)의 연구는 라디오와 텔레비전, 컴퓨터, 휴대폰 같은 전기 장치를 전 세계에 보급하는 데 도움을 주었다.

프레더릭 생어(1958년과 1980년, 화학상)는 인슐린의 구조를 정확하게 설명해 냈으며, 인슐린을 합성해 당뇨병을 치료할 수 있는 기반을 만들었다. 생어는 나중에 DNA 연구에도 집중했는데, 그 연구를 통해 우리를 인간으로 만드는 유전자에 대해 더 잘 알게 되었다.

라이너스 폴링(1954년 화학상, 1962년 평화상)은 화학 결합을 연구한 공로가 인정되어 첫 번째 노벨상을 받았다. 그리고 두 번째는 핵무기 실험 금지를 위한 다양한 활동으로 수상을 하게 되었다.

이 가운데 마리 퀴리의 가족은 노벨상을 다섯 번이나 받았다. 이렌은 남편인 프레데리크 졸리오퀴리와 1935년에 노벨 화학상을 공동 수상했다. 마리 퀴리의 작은딸 이브는 가족 중 노벨상을 받지 못한 사람은 자기뿐이라고 농담을 하곤 했다. 그런데 1965년에 유니세프가 노벨 평화상을 받을 때, 이브의 남편이 유니세프 총재를 맡고 있었다.

실험해 봅시다

방사선이 식물에도 영향을 미칠까?

마리 퀴리는 방사선 연구로 노벨상을 받았다. 빛과 열, 마이크로파는 전부 방사선의 한 형태이다. 이번 실험에서는 전자레인지에서 나온 마이크로파, 즉 방사선이 씨앗과 그것의 성장에 어떤 영향을 미치는지 알아보려 한다.

준비물

- 씨앗 12개(성장이 빠른 걸로 준비한다. 호박, 무, 해바라기, 상추, 쪽파, 바질 등)
- 화분용 흙
- 계란 판
- 키친타월
- 전자레인지
- 마커펜

실험

1. 계란판의 움푹 파인 곳 12군데에 화분용 흙을 채운다.
2. 그중 6곳에 마커펜으로 표시를 해 둔다.
3. 표시를 하지 않은 6곳에 씨앗을 하나씩 심는다. (1곳에 씨앗 1개씩)
4. 나머지 씨앗 6개를 키친타월에 올린 다음, 전자레인지에 넣고 5초간 돌

린다.

5. 전자레인지에 넣고 돌린 씨앗 6개를 마커펜으로 표시해 둔 곳에 하나씩 심는다.
6. 씨앗에 전부 물을 준다. (아주 조금만)
7. 햇볕이 잘 드는 곳에 계란 판을 놓아 둔다. 물을 매일 조금씩 줘서 흙이 마르지 않도록 한다.
8. 계란 판을 매일매일 사진으로 찍어 둔다. 사진에 마커펜 표시가 잘 나오는지 항상 확인한다.

확인

씨앗의 성장 속도에 어떤 차이가 있을까? 전자레인지에 넣고 돌린 씨앗이 그렇지 않은 것보다 빨리 자랐는지, 아니면 느리게 자랐는지 확인해 본다. 그 어느 것이든 씨앗이 조금이라도 자랐는지 살펴본다.

무선 통신 시대를 열다

굴리엘모 마르코니

메리와 마셜 교수는 사람들로 북적이는 시내 한가운데에 서 있었다. 하늘이 깜깜한 걸로 보아 늦은 밤인 듯했다. 그런데도 수천 명의 사람들이 커다란 건물 밖에 모여 있었다.

메리는 사람들 틈새로 그 건물의 계단과 기둥, 그리고 꼭대기에 걸린 시계를 보았다. 왠지 무척 낯이 익었다.

“시드니인가요?”

“앗, 그러면 안 되는데…….”

마셜 교수가 타임머신의 숫자판을 만지작거리며 말을 이었다.

“아하, 뭐가 잘못됐는지 알겠다. 반대편으로 와 버렸군.”

그러고 보니 어떤 남자가 그 건물의 계단에, 즉 시드니 시청 건물의 계단에 서 있었다. 그는 깜깜한 어둠 속에서 연설을 하고 있었다. '무선 통신'이니 '이탈리아'니 하는 말이 메리의 귀에 와 닿았다.

그런데 갑자기 그 남자 뒤에 있던 시드니 시청 건물에 불이 환하게 밝혀졌다. 그와 동시에, 메리 옆에 서 있던 여자가 숨을 헉 들이마시며 깜짝 놀란 얼굴로 외쳤다.

"어머나, 세상에! 저것 좀 봐! 꼭 마술 같아."

그때 사람들이 박수를 치며 환호성을 올렸다.

"무슨 일이에요? 왜 다들 박수를 치는 거예요?"

메리가 묻자, 아까 그 여자가 대답했다.

"애야, 무선 전신이잖니? 지구 반대편에 있는 누군가가 조금 전에 저 불을 켠 거야."

마셜 교수가 버튼을 꾹 눌렀다. 주변이 또 한 번 급히 기울어졌다.

"조금 전엔 미안. 날짜는 제대로 맞췄거든. 1930년 3월 26일. 그런데 엉뚱한 데로 가 버린 거야."

"글쎄요, 제 생각엔 지금도 그런 것 같은데요."

메리가 하얀색 금속 난간을 손으로 붙잡은 채 몸을 아래로 숙였다. 발밑에 물이 그득했다.

"여긴 보트 위예요. 솔직히 말하면, 저는 보트를 별로 좋아하지 않는다고요."

"애야, 이건 요트란다."

키가 무척 크고 근엄하게 생긴 남자가 말했다. 그 사람은 계단을 올라와 메리와 마셜 교수가 서 있는 나무 갑판 쪽으로 걸어왔다. 검은색 정장을 단정하게 차려입고 있었는데, 가슴 주머니에 꽂힌 하얀색 손수건이 살짝 비어져 올라와 있었다. 반짝반짝 빛나는 검정색 구두에 하얀색 모자를 썼으며, 모자 앞에는 빳빳한 챙이 달려 있었다.

"이 요트의 이름은 '엘레트라'야. 나는 여기 선장이고."

그 사람이 악수를 청하며 말을 이었다.

"나는 굴리엘모 마르코니란다. 이쪽은 내 아내 마리아……."

마르코니가 뒤쪽을 가리켰다. 어떤 여자가 계단을 아주 천천히 올라

오고 있었다.

메리는 그 여자를 보고 두 눈을 의심했다. 기다란 목에 죽은 여우를 두르고 있었기 때문이다.

마셜 교수가 메리를 팔꿈치로 툭 쳤다.

"그만 쳐다봐. 1930년의 패션은 우리 시대와 완전히 달랐으니까."

마셜 교수가 마르코니의 손을 잡고 반갑게 흔들었다.

"실은 여기 오다가 시드니에 잠깐 들렀습니다. 전파가 아주 잘 전달되더군요."

그러자 마르코니가 뿌듯한 얼굴로 대답했다.

"정말 대단하지 않습니까? 이곳 이탈리아 제노아 항구의 엘레트라에서 쏘아 올린 전기 충격이 7분의 1초 만에 지구를 2만 2천 킬로미터 날아가서 2,800개의 전등을 밝혔지요. 세상에, 1초도 안 걸렸다고요. 그런데 그쪽 주최자들에게 사과해야 할 일이 생겼습니다. 너무 흥분한 나머지, 스위치를 조금 일찍 눌렀거든요."

"그걸로 노벨상을 받으신 거예요? 전등을 켜서요?"

메리가 두 눈을 둥그렇게 뜨고서 물었다.

"아니, 노벨상은 20년 전에 받았단다. 나는 젊었을 때 무선 전신과 관련된 일을 했어. 모두들 그건 불가능하다고 했지. 왜냐하면 지구는 둥글기 때문에 전파가 똑바로 날아가 하늘로 사라질 거라고 생각했거든. 전파가 가장 멀리 이동할 수 있는 거리는 300킬로미터 정도에 불과하다고

여겼지. 하지만 그 사람들이 틀렸어. 전파는 지구의 모양을 따라서 이동하니까. 1901년에 영국에서 메시지를 하나 보냈는데, 대서양을 가로질러 3200킬로미터를 날아서 캐나다에 도착했지."

"뭐라고 보내셨어요?"

메리가 물었다.

마르코니는 조금 귀찮은 기색을 내비쳤다.

"그런 건 중요하지 않아."

"그래도요. 그게 뭐였어요?"

"S."

"S요?"

"응, 모스 부호로 짧게 세 번. 딱, 딱, 딱. 하지만 중요한 건 그게 아니야. 아주 멀리 떨어진 두 곳에서 메시지를 주고받을 수 있다는 걸 보여주었다는 사실이 의미 있는 거지. 특히 오스트레일리아 사람들에겐 무척 중요한 일이거든. 사방이 바다로 둘러싸여서 다른 나라와 동떨어져 있으니까. 내가 이번에 시드니를 선택한 것도 다 그런 이유 때문이야. 그러고 보니, 시드니 사람들에게 전해 줄 연설문을 빨리 써야겠구나. 자, 이제 내려가서 내 사무실을 한번 둘러볼래?"

마르코니가 메리와 마셜 교수를 계단 아래로 안내했다. 모두들 좁은 통로를 지나 어떤 방으로 들어갔다. 거기는 금속 손잡이와 커다란 원형 계기판들이 달려 있는 온갖 기계로 꽉 차 있었다. 계기판 안의 바늘이 계

속 가볍게 떨리고 있었다.

네모난 금속 상자들 밑에는 땅딸막하고 투명한 둥근 통들이 놓여 있었는데, 그 둥근 통과 상자가 놋쇠 관으로 연결되어 있었다. 모든 게 반짝반짝 빛났다. 마치 방 안을 매일같이 윤이 나게 닦는 것만 같았다.

"그동안 번 돈으로 이 엘레트라에 실험실을 꾸몄단다. (1933년 11월, 굴리엘모 마르코니는 엘레트라를 타고 우리나라 인천항에 도착해 서울에 8일 동안 머물렀다.) 여기 있으면 사람들의 호기심 가득한 눈빛이나 정신을 산만하게 만드는 것에서 벗어날 수 있지. 낮이든 밤이든 상관없이 언제든 일할 수도 있고. 또, 육지에서는 실행하기 힘든 실험을 할 수도 있단다. 우리는 여기서 아예 살고 있어. 그렇지, 여보?"

마르코니가 아내 마리아에게 물었다. 마리아는 두 눈을 꼭 감은 채 가만히 고개를 끄덕였다. 왠지 마리아 얼굴이 창백해 보였다.

"나는 항해하는 걸 언제나 좋아했어. 사실, 내가 이 일을 시작했을 때 가장 관심을 둔 건 바다에서의 안전이었지. 무선 통신이 가능해지면 배들이 제일 먼저 메시지를 주고받으리라는 걸 알고 있었거든. 그리고 그 끔찍한 사고가 일어난 거야. 1912년 4월 14일에……. 나는 타이타닉호에 무료로 탑승하라는 초대장을 받았단다. 그런데 일이 있어서 그보다 며칠 일찍 미국으로 건너갔지. 얼마 뒤 뉴욕에서 그 소식을 들었어. 타이타닉호가 빙하에 충돌해 1,503명이 목숨을 잃었다는……. 하지만 712명은 무사히 목숨을 건졌단다. 그 배에서 흘러나온 구조 요청 덕분이었지. 거기엔 우리 회사의 무선 장비가 설치되어 있었거든."

마르코니가 금으로 만든 감사패를 집어 들며 말을 이었다.

"생존자들이 선물해 준 거야. 내게 둘도 없는 귀중한 물건이지. 하지만 이것은 과거의 일이란다. 오늘 있었던 실험은 미래를 위한 거였고. 우리는 지금 경이로운 시대에 살고 있어. 메리, 한번 상상해 보렴. 전선이 없는 세상을 말이야. 전파를 어떤 방향으로 보내더라도, 그것이 산이나 바다에 가로막히지 않고 공기를 통해 전달되는 거지. 심지어 우주까지도!"

"맞아요. 라디오나 텔레비전처럼 말이죠. 휴대폰이랑 인공위성도 있고요. 또 화성에 착륙해서 그쪽 사진을 여기 지구로 보내는 탐사선도 있지요."

"아, 메리! 규칙을 잊으면 안 돼. 미래에 대해 너무 많이 말해선 안 된다고."

마셜 교수가 속삭였다.

마르코니는 몸을 살짝 비틀거렸다. 옆에 있는 의자를 손으로 꽉 잡으며 가까스로 몸을 가누었다.

"으흠, 나도 그 모임 사람들한테서 들은 이야기가 있어. 정말 놀라운 일이야."

"마르코니, 메리한테 뭔가 조언해 줄 게 있나요?"

마셜 교수가 물었다.

"네 일을 이해해 줄 수 있는 사람을 찾아야 해. 나는 자랑스러운 이탈리아 사람이지만, 내가 무선 전신기에 대한 아이디어를 자세히 적어 로마에 보냈을 때 어떤 일이 있었는지 아니? 그 사람들은 내 편지에 '정신병원이나 가시오.'라고 적어서 보냈단다. 더 이상의 답장은 없었지. 결국 나는 영국으로 떠났어. 그런데 영국 세관원이 내가 갖고 있던 그 장비를 보고서 해군성에 직접 연락을 했지. 내가 무선 전신과 관련해 처음으로 특허를 취득하고, 또 회사를 차려서 중요한 작업들을 한 곳은 바로 영국이었단다."

마리아가 중간에 끼어들었다.

"굴리엘모, 몸이 좀 안 좋아요. 이제 들어가서 쉬어야 할 것 같아요."

마리아가 자리를 뜨려고 몸을 돌렸다. 보라색 긴 코트 밑으로 불룩 나온 배가 눈에 띄었다.

"우아, 축하드려요!"

그러자 마르코니가 빙긋 웃었다.

"만약 딸이라면 이름을 엘레트라라고 지을 거란다."

"이 배의 이름을 따서요?"

"당연하지. 엘레트라는 내 인생 최고의 사랑이니까."

1909년에 노벨 물리학상은 이탈리아의 전기 공학자 굴리엘모 마르코니에게 수여되었다. '무선 전신의 발전에 기여한 공로가 인정'되었기 때문이다. 이는 거의 모든 현대 장거리 무선 통신의 기초를 이루었다. 1937년에 마르코니가 세상을 떠났을 때, 세계 각국의 무선국들에서 그의 삶과 업적을 기리기 위해 2분 동안 묵념을 했다.

노벨상과 특허

굴리엘모 마르코니는 꽤 부유한 집안에서 태어났다. 하지만 발명품을 만들면서 더 부자가 되었다. 1897년에 처음으로 무선 송신기에 특허를 신청했다.

특허란, 어떤 발명품에 대한 독점권을 누군가에게 주는 합법적인 문서이다. 이건 마르코니만이 무선 송신기를 만들어서 팔 수 있다는 걸 의미했다.

알프레드 노벨은 폭발물을 연구하면서 개발한 발명품들에 특허를 신청했다. 여기에는 다이너마이트와 안전한 기폭 장치, 화약 등이 포함되었다. 노벨상을 만드는 데 들어간 기금은 모두 이러한 발명품에서 나온 것이다.

노벨상 수상자들 중에는 자신들의 발견에 특허를 내지 않기로 결심한 사람들도 있다. 엑스선을 발견한 빌헬름 뢴트겐은 자신의 “발명과 발견은 온 인류가 공유해야 한다.”고 말했다.

알렉산더 플레밍은 페니실린에 특허를 신청하지 않았다. 가능한 한 많은 사람들이 페니실린을 자유롭게 이용하기를 바랐기 때문이다.

이와 같은 이유로, 로절린 얠로는 질병을 찾아내기 위한 혈액 검사 방법에 특허를 신청하지 않았다.

실험해 봅시다

모스 부호로 메시지 보내기

100여 년 전, 굴리엘모 마르코니는 모스 부호로 3,200킬로미터 떨어진 곳에 무선 메시지를 보냈다. 모스 부호는 점과 선을 조합해서 글자와 숫자, 그리고 기호를 나타낸다. 각각의 글자에 사용되는 점과 선의 조합은 그것이 얼마나 자주 쓰이느냐에 따라 결정된다. 영어에서 가장 많이 쓰이는 알파벳 'E'는 점 하나로 표시된다.

모스 부호를 사용해 메시지를 전해 보자.

제안

다양한 방법으로 모스 부호를 사용할 수 있다. 영화 〈기생충〉에서처럼 밤에 전등을 이용해 친구와 메시지를 주고받을 수도 있다. 또 눈을 깜빡여서 조용히 메시지를 보낼 수도 있다. 눈을 빠르게 깜빡이는 것은 점을 나타내고, 느리게 깜빡이는 것은 선을 나타낸다.

학생 두 명이 이런 방법으로 시험 시간에 부정행위를 한 적도 있었다. 친구에게 문자로 'LOL' 대신 '·-·· --- ·-··'라고 보내 보자.

우리 이름을 모스 부호로 바꿔서 목걸이에 나타낼 수도 있다.

요즘은 모스 부호를 배우고 연습해서 메시지를 주고받을 수 있도록 도와주는 앱이 많이 있다.

실험

※ 다음은 국제적으로 통용되는 모스 부호 표이다.

문자	모스 부호	문자	모스 부호	문자	모스 부호
A	.-	N	-.	1	.----
B	-...	O	---	2	..---
C	-.-.	P	.--.	3	...--
D	-..	Q	--.-	4	....-
E	.	R	.-.	5	.....
F	..-.	S	...	6	-....
G	--.	T	-	7	--...
H	....	U	..-	8	---..
I	..	V	...-	9	----.
J	.---	W	.--	0	-----
K	-.-	X	-..-	•	.-.-.-
L	.-..	Y	-.--	?	..--..
M	--	Z	--..	,	--..--

1. 위의 표를 사용하여 국제 조난 기호인 SOS를 모스 부호로 바꿔 보자.

문자 S O S

모스 부호 ______ ______ ______

2. 위의 표를 사용하여 다음의 단어가 무엇인지 알아보자.

모스 부호	..-.	.-.	..	.	-.	-..
문자	____	____	____	____	____	____

3. 모스 부호로 메시지를 만들어 친구에게 보내 보자.

문자	____	____	____	____	____	____	____
모스 부호	____	____	____	____	____	____	____

문자	____	____	____	____	____	____	____
모스 부호	____	____	____	____	____	____	____

문자	____	____	____	____	____	____	____
모스 부호	____	____	____	____	____	____	____

문자	____	____	____	____	____	____	____
모스 부호	____	____	____	____	____	____	____

문자	____	____	____	____	____	____	____
모스 부호	____	____	____	____	____	____	____

4. 인터넷에서 '모스 부호 전신 소리'를 검색하면 소리도 들을 수 있다.

배리 마셜 교수의 생생 정보!

전선과 건전지로 모스 부호 전신기를 만들 수 있다. 모스 부호 전신기는 미국의 발명가 새무얼 핀리 모스가 1838년에 고안했다. 짧은 발신 전류인 '점'과 비교적 긴 발신 전류인 '선'을 배합하여 알파벳과 숫자를 표시한 것으로, 전 세계적으로 사용되고 있는 통신 수단이다.

모스 부호를 사용할 때 지켜야 하는 국제적인 법칙이 있는데, ① 선의 길이는 점의 3배 길이일 것, ② 알파벳 1개를 형성하는 선과 점 사이의 간격은 1점과 같을 것, ③ 알파벳과 알파벳 사이의 간격은 3점과 같을 것, ④ 단어와 단어 사이의 간격은 7점과 같을 것 등이다.

아, 한글도 모스 부호로 나타낼 수 있다. 단, 자음과 모음 사이는 점의 2배 길이를 띄우고, 글자와 글자 사이는 점의 5배 길이를 띄어야 한다.

© Sharon Smith

DNA 이중 나선 구조

제임스 왓슨, 프랜시스 크릭,
모리스 윌킨스

"여긴 어디죠?"

메리가 물었다. 메리와 마셜 교수는 높은 석조 건물로 둘러싸인 네모난 안뜰에 있었다. 그 건물의 창문은 둥근 아치 모양이었다.

마셜 교수가 주변을 둘러보았다.

"킹스 칼리지. 영국 런던에 있지. 지금은 1953년이고. 우리는 DNA 구조와 그것의 작동 방식을 발견한 사람들을 만나기 위해서 여기에 왔단다. DNA가 뭔지는 알고 있니?"

메리는 잠시 생각에 잠겼다.

"그건 유전자와 관련 있는 거 아니에요? 제 눈이 아빠랑 똑같이 까만색인 것처럼 말이죠."

"유전자는 사실 DNA의 아주 작은 부분일 뿐이야. 우리 몸속의 모든 세포에 들어 있지. DNA는 너무 작아서 그것이 어떻게 생겼는지 아무도 몰랐어. 이 사람들이 밝혀낼 때까지는 말이야. 자, 이제 실험실로 가 보자. 우리를 기다리고 있을 거야."

메리는 마셜 교수를 따라 안뜰을 빠르게 가로질렀다. 잠시 후, 마셜 교수가 묵직한 나무문을 밀었다. 몹시 지저분해 보이는 실험실에 네 사람이 서 있었다.

마셜 교수가 메리에게 키 크고 마른 남자 두 명을 소개했다.

"메리, 여기는 프랜시스 크릭, 그리고 제임스 왓슨이란다. 둘은 친구 사이야. 대학에서 처음 만났는데……."

"케임브리지 대학."

프랜시스가 끼어들었다. 프랜시스는 제임스에 비해 나이가 많은 듯했는데, 그래서 그런지 머리숱이 훨씬 더 적어 보였다.

"여기 대학이 아니야. 런던에는 잠시 들른 것뿐이거든. 너를 만나려고 말이지."

"프랜시스와 제임스는 DNA 구조를 밝히려고 오랫동안 머리를 짜내고 있단다."

마셜 교수가 말했다.

그러자 제임스가 덧붙였다. 제임스는 미국 사람이었다.

"우리는 그걸 모형으로 만들어 보려고 했어."

제임스가 손가락으로 실험대를 가리켰다. 거기에는 언뜻 쓰레기로 보이는 것들이 잔뜩 쌓여 있었다. 메리는 머리를 갸우뚱거리며 그게 무엇인지 이해하려고 애썼다.

"솔직히 저건 그다지 도움이 안 되었지. 하지만 이건 달라. 희망이 보이거든."

프랜시스는 이렇게 말하고는 메리를 얼기설기 연결된 커다란 모형 앞으로 데려갔다. 육각형의 금속 조각들이 얇은 놋쇠 막대기로 연결되어 있었는데, 마셜 교수의 키보다 더 높이 세워져 있었다. 언뜻 나선형 계단처럼 보였다. 메리는 고개를 옆으로 살짝 기울여 보였다. 그렇게 하면 이게 뭔지 알 수 있을까 해서. 하지만 전혀 감이 잡히지 않았다.

"참, 이쪽은 모리스 윌킨스란다."

그때 마셜 교수가 세 번째 남자를 소개해 주었다.

메리는 모리스와 프랜시스, 제임스가 전부 형제처럼 보인다고 생각했다. 그러자 저 세 사람의 DNA도 전부 똑같아 보일지 궁금한 마음이 들었다.

"모리스는 물리학자이자 생물학자야. DNA의 엑스선 사진을 처음으로 찍었지."

마셜 교수가 말했다.

"나는 몇 년 전에 이탈리아에서 제임스를 처음 만났어. 그때 제임스한테 그 사진을 보여 주었지. 그 후로 우리 셋은 DNA 구조를 알아내려고 애쓰고 있단다. 참, 이쪽은 내 조수인 로절린드 프랭클린."

모리스가 손을 거만하게 흔들며 자기 뒤쪽에 서 있던 여자를 가리켰다. 로절린드가 굳은 표정으로 말했다.

"아니야."

"아니라고? 뭐가?"

모리스가 되물었다.

"네 조수가 아니라고."

로절린드가 메리를 보며 말을 이었다.

"나는 케임브리지 대학에서 물리·화학 박사 학위를 받았고, 논문을 벌써 다섯 편이나 발표했단다. 나도 DNA 구조를 알아내려고 노력하고 있

지. DNA 엑스선 사진도 찍었는데, 내 사진이 모리스 것보다 훨씬 더 잘 나왔어. 이런 사진들로 연구하는 걸 엑스선 결정학이라고 해."

"하지만 너는 여자……."

모리스가 뒷말을 꿀꺽 삼켰다. 로절린드가 노려봤기 때문이다.

"내가, 뭐? 이 분야의 전문가라고? 개척자라고?"

로절린드가 따지듯이 다그쳤다.

마셜 교수가 냉랭한 기운을 알아차리고서 슬그머니 끼어들었다.

"그렇죠, 아주 정확하게 표현했네요. 자, 메리! 이 네 사람은 이제 거의 다 알아냈단다. DNA 구조가 약간 뒤틀린 사다리처럼 생겼다는 걸 말이야. 두 개의 긴 가닥이 서로 휘감으며 위로 올라가는 모양이지. 이것을 나중에 '이중 나선 구조'라고 부르게 돼."

"아하, 그렇군요."

메리가 건성으로 대답했다. 그렇게 흥미로운 이야기는 아니라고 생각했기 때문이다.

"이건 정말 위대한 발견이야!"

프랜시스가 말을 이었다.

"우리 몸의 세포가 어떻게 증식하고 성장하는지를 알아낸 거라고. 그것도 여전히 똑같은 DNA를 갖고서 말이야. 자, 머릿속에 지퍼를 한번 떠올려 봐. 지퍼가 맞물리는 곳은, 다시 말해서 각각의 이는 반드시 정해진 자리에 있어야 해. 지퍼를 제대로 여닫으려면 말이야, 그렇지?"

"네, 그런 것 같네요."

메리가 입고 있던 조끼의 지퍼를 내려다보며 건성으로 대답했다.

"이중 나선 구조도 그런 식이야. 그러면 이번에는 지퍼의 이가 네 개의 모양으로만 이루어져 있다고 상상해 봐. 그 모양은 조금씩 다르게 생겼지. 지퍼를 여닫으려면 양쪽의 한 쌍이 완벽하게 일치해야 해, 그렇지? DNA는 세포 분열이 일어날 때 그 지퍼가 열린단다. 그렇게 열린 두 개의 가닥은 각자 일치하는 가닥을 만들어야 해. 그래야 지퍼를 제대로 올릴 수 있으니까. DNA 이중 나선은 이런 식으로 지퍼를 열고서, 서로 똑같은 DNA 분자를 두 개 만드는 거야. 어때, 멋지지 않니?"

프랜시스가 두 눈을 빛내며 메리를 바라보았다. 그러고는 이렇게 덧붙였다.

"정말 나무랄 데가 없는 구조야. 자랑하고 싶지는 않지만, 우리는 생명의 비밀을 밝힌 거지."

"이걸 다 어떻게 알아내셨어요?"

메리가 호기심 가득한 눈길로 물었다.

"모리스가 직접 찍은 엑스선 사진들을 우리한테 보여 주었거든."

제임스가 말했다. 그러자 로절린드가 목청을 크게 가다듬었다.

그걸 보고 프랜시스가 얼른 덧붙였다.

"아, 그래. 모리스는 로절린드가 찍은 엑스선 사진들도 몇 장 보여 주었어. 사진이 참 잘 나왔단다. 특히 '51번 사진'은 아주 훌륭했지. DNA 구조를 거의 그대로 보여 주었거든. 우리가 퍼즐을 맞추는 데 필요한 마지막 조각이 바로 그 사진이었으니까. 정말로 운이 좋았지."

"이 중에 내 사진을 봐도 되는지 물어본 사람은 아무도 없었어."

로절린드가 투덜거렸다. 왠지 화가 난 것 같았다.

"그건 미안해."

제임스가 불편한 표정으로 대꾸했다.

"자, 그럼 여기 네 분은 나중에 노벨상을 공동 수상하시겠네요? 우아, 멋져요!"

메리가 소리쳤다.

그러자 남자 셋이 동시에 난처한 표정을 지었다. 이윽고 모리스가 중

얼거리듯 말했다.

“꼭 그렇지는 않아.”

“나는 못 받거든.”

로절린드가 차가운 목소리로 중얼거렸다.

“우리가 미처 몰랐던 사실이 하나 있는데, 그건 엑스선이 몸에 별로 좋지 않다는 거야. 나는 주로 엑스선으로 연구했어. 그 바람에 건강이 몹시 나빠졌지. 사실…….”

로절린드가 잠시 말을 쉬었다가 이었다.

“내가 이걸 알고 있으면 안 되는 건데, 아인슈타인의 입이 좀 가벼워서 말이지. 나는 얼마 안 있어서 죽을 거란다. 그리고 앞으로 9년 뒤에 이 세 남자는 노벨상을 받을 거야. 그때 나는 이미 이 세상에 없겠지.”

로절린드는 그것 때문에 무척 속이 상한 것 같았다.

‘그래, 당연히 그럴 거야.’

메리는 속으로 이렇게 중얼거렸다. 그때 마셜 교수가 끼어들었다.

“안타깝게도 노벨상은 살아 있는 사람에게만 수여된단다. 딱 한 번 예외가 있었는데, 2011년에 노벨 생리·의학상을 받은 랠프 스타인먼이 그렇지. 그분은 노벨상 수상자를 발표하기 사흘 전에 사망했거든. 하지만 노벨 위원회는 그걸 모르고서…….”

마셜 교수가 말꼬리를 흐렸다. 로절린드가 씁쓸한 표정으로 마셜 교수를 쳐다보고 있었기 때문이다.

“나도 나름대로 노력했어.”

제임스가 로절린드를 안타깝게 바라보며 말을 이었다.

“너한테도 노벨상을 줘야 한다고 위원회에 요청했단 말이야. 내 책에도 감사의 인사말을 남겼고.”

로절린드가 입술을 앙다물었다. 분명 미소는 아니었다.

"그래, 맺음말에서 말이지, 책 말미에. 그렇게라도 해 주어서 아주 고맙네."

잠시 어색한 침묵이 흘렀다.

마셜 교수가 분위기를 밝게 하려고 애를 쓰며 어렵사리 말을 꺼냈다.

"자, 그러면 메리한테 해 줄 조언이 있나요?"

"일찍 죽지 마."

로절린드가 불퉁한 표정으로 중얼거렸다.

"공동 연구."

프랜시스가 말을 이었다.

"우리는 공동 연구로 이 문제를 해결했어. 각자 혼자서만 연구했다면 절대로 해결할 수 없었을 거야. 어떤 사람이 너랑 잘 안 맞는다고 해서 함부로 얕잡아 보아선 안 돼. 그 사람이 퍼즐의 마지막 조각을 갖고 있을 수도 있거든."

로절린드 프랭클린은 1958년 4월에 난소암으로 사망했다. 그때 나이가 서른일곱 살이었다. 그리고 제임스 왓슨, 프랜시스 크릭, 모리스 윌킨스는 1962년에 노벨 생리·의학상을 받았다. '핵산의 분자 구조를 알아내고 그것이 몸 안에서 어떻게 정보를 전달하는지 밝혀낸' 공로가 인정되었기 때문이다.

노벨상 뒷이야기

알려지지 않은 영웅들

로절린드 프랭클린처럼, 다른 과학자들과 협력하여 업적을 이루었지만 노벨상을 받지 못한 사람들도 있다.

천체 물리학 대학원생이던 조셀린 벨은 어느 날 우연히 하늘에서 낯선 전파를 발견했다. 나중에 알고 보니, 그 전파를 내보낸 별은 '펄서'였다. '펄서'란 빠른 속도로 회전하는 중성자별이다. 조셀린 벨의 지도 교수인 앤터니 휴이시(1974년, 물리학상)가 펄서를 발견한 공로로 노벨상을 받았다.

니콜라 테슬라는 발명가이자 전기 엔지니어, 기계 엔지니어, 물리학자, 미래학자였다. 테슬라는 중요한 발견을 많이 했고, 그의 연구는 우리의 가정과 산업에 전력을 공급하는 전기 회로망의 기초가 되었다. 1915년, 노벨 물리학상에 테슬라와 토머스 에디슨이 공동 수상자로 이름을 올렸다. 하지만 경쟁 관계에 있던 두 사람이 공동 수상을 거부했고, 그 후로도 둘은 영영 노벨상을 받지 못했다.

더글라스 프레셔는 '녹색 형광 단백질'을 개발한 팀의 일원이었다. 그 팀은 1992년에 이것을 연구했고, 2008년에 노벨 화학상을 수상했다. 그런데 그 팀이 노벨상을 받을 때, 프레셔는 과학자로서의 길을 포기하고 버스 운전사로 일하고 있었다.

실험해 봅시다

딸기에서 DNA 추출하기

DNA는 너무 작아서 고배율의 현미경이 없으면 관찰할 수 없다. 하지만 딸기 세포에는 딸기 DNA가 한 개가 아니라 여덟 개나 복제되어 있다. 이것은 DNA를 한 번에 많이 모을 수 있다는 것을 의미한다. DNA가 많으면 현미경이 없어도 충분히 관찰할 수 있다.

준비물

- 딸기 1개
- 주방용 액체 세제 30mL
- 소금 1작은 숟가락
- 스포이트
- 차가운 변성 알코올(또는 소독용 알코올이나 에탄올)
- 지퍼백
- 플라스틱 컵
- 거즈
- 고무줄
- 시험관(또는 투명한 유리병)
- 나무 꼬챙이

실험

1. 딸기를 깨끗이 씻은 다음 잎을 말끔히 떼어 낸다.
2. 물 500mL에 주방용 액체 세제와 소금을 넣고 잘 섞는다. 이것을 DNA 추출 용액이라고 한다.
3. 지퍼백에 DNA 추출 용액 2작은 숟가락과 딸기를 넣은 다음 밀봉한다. 지퍼백에 공기 방울이 생기지 않도록 한다.
4. 지퍼백을 손으로 꾹꾹 눌러서 딸기를 부드럽게 으깬다.
5. 플라스틱 컵 입구에 거즈를 올려놓은 뒤 고무줄로 고정한다.
6. 으깬 딸기즙을 플라스틱 컵 거즈 위로 살며시 붓는다.
7. 컵 안에 담긴 딸기즙을 스포이트로 쭉 빨아들인 다음, 그것을 시험관으로 옮겨 담는다.
8. 차가운 알코올을 스포이트로 쭉 빨아들인 뒤, 딸기즙이 담긴 시험관에 넣는다. 이때 시험관을 기울이거나 건드리지 않도록 주의한다. 두 액체가 섞이면 안 되기 때문이다.
9. 딸기즙과 알코올이 만나는 곳을 잘 살펴보자. 여기에 하얀색 실 같은 게 구름처럼 뭉게뭉게 나타나야 한다.
10. 시험관을 잠시 가만히 내버려 둔다. 구름처럼 엉킨 하얀색 실 덩어리를 나무 꼬챙이로 돌려서 감는다.

확인

나무 꼬챙이에 매달린 하얀색 실 같은 건 딸기의 DNA 분자이다. 주방용 액체 세제는 딸기 세포를 터트려 DNA를 세포 밖으로 내보낸다. DNA가 엉겨서 덩어리로 있으면 눈에 띄게 된다. DNA는 알코올에 녹지 않는다. 따라서 DNA 가닥들이 덩어리로 뭉쳐져 맨눈으로도 볼 수 있게 되는 것이다.

세계 최초의 항생제, 페니실린

알렉산더 플레밍

"으윽, 추워요."

메리가 윗도리를 꽉 여미며 투덜거렸다. 메리와 마셜 교수가 있는 그 실험실은 난방이 전혀 안 되고 있었다. 열린 창문 사이로 바람이 사정없이 불어 들어왔다.

"그럴 리가! 지금은 늦여름이야. 아무리 영국이라 해도 그렇게 춥지는 않을 텐데……. 그래도 창문을 닫아 줄게."

마셜 교수가 말했다.

"그리고 여긴 너무 지저분해요. 유명한 과학자들 중에 깔끔하게 정리를 하는 사람은 전혀 없나 봐요?"

그러자 마셜 교수가 메리를 힐끗 보았다.

"심술이 난 것 같구나. 괜찮은 거니?"

"네, 괜찮아요."

메리가 재채기를 요란스럽게 했다. 그 바람에 탁자의 먼지가 공중으로 떠오르더니 햇빛 속에서 빙글빙글 돌았다. 그러다 나무 실험대 위에 흩어져 있는, 납작하고 둥근 유리 접시들 위로 살포시 내려앉았다.

"이번에 만날 과학자는 어디 있는 거예요?"

"몇 주 동안 휴가를 갔는데, 이제 곧 돌아올 거야."

그때 갑자기 문이 벌컥 열리면서 키 큰 남자가 쑥 들어왔다. 그 남자는 얼굴이 매우 길었는데, 귀가 유난히 도드라져 보였다.

"마셜 교수, 다시 만나서 반갑군. 아이고, 메리! 얼굴이 안 좋아 보이

네? 어디 불편하니? 자, 일단 여기 앉아."

그 남자가 의자에 쌓인 종이 더미를 밀어내고 메리를 거기에 앉혔다. 그러고는 입고 있던 실험실 가운의 주머니를 손으로 뒤지며 물었다.

"사탕 먹을래? 여기 어디 박하사탕이 있을 텐데……."

"그런데 영어 발음이 좀 이상하시네요."

메리가 콕 집어 말했다.

"누가 그래? 내가 영국 사람이라고."

그 남자가 메리한테 물었다.

"나는 스코틀랜드 사람이야. 스코틀랜드 사람들 중에서 가장 유명한 사람이 될 거란다. 뭐, 어쨌든 의사이기도 한데……. 메리, 너 안색이 정말 안 좋구나."

"저는 괜찮아요. 하지만 여기는 안 괜찮아 보이네요. 청소를 해야 할 것 같아요."

메리가 삐딱한 말투로 대꾸했다.

그 남자가 큰 소리로 웃었다. 마셜 교수도 옆에서 키득거렸다. 메리가 두 사람을 째려보자, 마셜 교수가 입을 열었다.

"웃어서 미안해. 이분은 '경'이라는 귀족 칭호를 받으신……."

"아직은 아니지. 너무 성급하게 굴지 말게."

"죄송합니다. 메리, 이분은 알렉산더 플레밍이셔. 그리고 여기가 이렇게 엉망인 덕분에 곧 중요한 발견을 할 거란다. 그 발견으로 의학계는 완전히 바뀌게 되지."

"아이고, 이것들은 버려야겠군."

플레밍이 유리 접시를 분류하면서 말했다.

"어, 잠깐! 이것참, 신기하네. 마셜 교수, 이리 와서 이것 좀 봐. 자네는 박테리아랑 가까이 있는 걸 좋아하지? 나도 이미 들어서 알고 있다네."

그러자 마셜 교수가 얼굴을 살짝 찡그렸다.

"글쎄요, 무슨 말씀인지……. 메리, 그런 말에 신경 쓰지 마."

플레밍과 마셜 교수는 접시 하나를 집중해서 들여다보았다. 메리는 이 두 사람이 왜 이렇게 유난을 떠는 것인지 궁금해져서 슬그머니 다가가 보았다.

"윽, 곰팡이가 잔뜩 끼어 있네요. 뚜껑을 안 덮었나요?"

메리가 묻자 플레밍이 대답했다.

"전부 다 곰팡이는 아니야. 이 배양 접시에 있는 작고 하얀 점들은 박테리아거든. 일부러 키우고 있지. 그런데 이 배양 접시는 오염된 것 같아. 그래, 네 말도 맞아. 이 복슬복슬한 초록색은 곰팡이의 한 종류란다. 내가 뚜껑을 안 덮고 나갔나 봐. 그래서 휴가 기간에 이렇게 돌아온 거지. 그런데 이 곰팡이가 어디서 온 건지 모르겠어. 창문이 열려 있었다면 또 모를까."

마셜 교수가 플레밍 뒤에서 메리를 보며 빙긋 웃었다. 그리고 엄지손가락을 세워 보였다.

플레밍이 말을 이었다.

"자, 여기 좀 봐. 이 박테리아는 좀 다른 것 같지 않니?"

메리가 좀 더 가까이 가서 들여다보았다.

"복슬복슬한 초록색 곰팡이 주변에 하얀색 점이 없네요."

"그래, 맞아. 이 곰팡이가 박테리아를 전부 죽인 것 같아. 아니면, 박테리아가 더 이상 성장하지 못하게 막았거나. 이게 무슨 의미인지 알겠니?"

플레밍은 점점 흥분하는 것 같았다.

"그건 말이지, 내가 박테리아 없애는 방법을 알아냈다는 거야."

"좋은 소식인가요?"

메리가 물었다.

"좋다뿐이니? 아주 멋진 일이지. 나는 박테리아를 퇴치하려고 무척 애쓰고 있었거든. 제1차 세계 대전 중에 군의관으로 참전한 이후부터 쭉……. 그때 나는 프랑스의 어느 병원에서 근무하고 있었지."

"그럼, 마리 퀴리랑 그분의 딸도 만났나요? 그분들은 그때 엑스선을 찍었다던데."

"아니, 못 만난 것 같아. 정신없이 바빴거든. 나는 부상당한 군인들을 치료하고 있었지. 그 당시 군인들은 대부분 전쟁터에서 입은 상처로 목숨을 잃은 게 아니고, 병원에서 상처가 감염되는 바람에 아주 고통스럽게 천천히 죽어 갔어. 우리는 상처를 치료하려고 소독제를 썼는데, 더 나아지는 게 아니라 오히려 악화되는 것 같았지. 그때 본 고름을 결코 잊을

수가 없단다. 상처가 곪으면서 진동하던 고약한 냄새도."

메리가 몸을 살짝 비틀거리더니 다시 자리에 앉았다.

"아무래도 몸이 좀 아픈 것 같네요. 어쨌든 축하드려요."

"내가 한 게 아니야. 자연이 한 거지. 나는 그저 그걸 발견했을 뿐이고. 그래도 아직 해야 할 일이 많아. 이 곰팡이에서 유효 성분을 분리하는 건 꽤 어려운 작업이 될 테니까. 그 유효 성분을 '페니실린'이라고 불러. 흔히 쓰는 항생제 중 하나지. 누군가의 병을 낫게 하려면, 곰팡이가 어마어마하게 많이 필요해."

바로 그때, 마셜 교수가 맞장구를 치며 끼어들었다.

"그래, 맞아. 페니실린을 대량으로 만들어 내는 건 결코 쉬운 일이 아니지. 오스트레일리아의 병리학자 하워드 플로리와 영국의 세균학자 언스트 체인이 그 실마리를 풀고 나서야 대량 생산이 가능해지거든. 그렇게 되기까지 10년 이상이 걸릴 거야. 하지만 일단 시작되면 모든 게 빨리 진행되기 마련이지. 1944년까지는 페니실린이 대량 생산될 거거든. 제2차 세계 대전에서 부상당한 군인들을 전부 치료할 수 있을 만큼 충분히."

"세계 대전이 또 일어나? 아이고, 이런."

플레밍이 나직이 되물었다.

"이크, 그것까지 말할 생각은 아니었는데……. 어쨌든 메리, 지금은 말이야. 현대 의학이 탄생하는 바로 그 순간이란다. 페니실린이 전 세계 수백만 명의 목숨을 구하고 있어."

마셜 교수가 이렇게 말하자, 플레밍의 뺨이 붉게 물들었다.

"우연한 발견치곤 나쁘지 않았지. 솔직히 말해서 의학 혁명을 계획한 건 아니었거든. 그런데 어쩌다 보니 내가…… 그렇게 한 것 같아."

마셜 교수가 시계를 들여다보았다.

"저희는 이만 가 봐야겠군요. 메리한테 해 줄 조언이 더 있나요?"

"병원에 가서 진찰을 받아 봐. 감기가 심해질 것 같은데……."

"음, 항생제가 필요하겠네요."

메리가 대꾸했다.

"아니야! 무조건 항생제를 쓰면 안 돼. 꼭 필요할 때만 적당량을 써야 하지. 너무 적게 쓰는 것도 안 되고……. 박테리아가 전부 죽기도 전에 중단하는 것도 안 되지만. 박테리아는 정말 다루기 어렵단다. 어떤 것에든 익숙해질 수 있거든. 항생제를 조심해서 쓰지 않으면, 미래에는 박테리아가 모든 항생제에 내성을 갖게 될 거야. 그렇게 되면 너희 세상은 항생제 없이 살았던 지금과 똑같아질 테지. 그런 끔찍한 상황은 피해 갔으면 좋겠구나. 상처가 곪으면서 생기는 고름도…….”

메리는 머리가 어질어질했다. 그 바람에 의자에서 미끄러질 뻔했다.

“사실, 나는 노벨상 수상과 관련된 조언을 말했던 거예요.”

마셜 교수가 겸연쩍은 표정으로 말했다.

“아하! 그렇군. 메리, 뭔가 특별해 보이는 게 있다면 절대로 그것을 허투루 지나치지 말거라. 물론 별거 아닐 수도 있지만, 그것이 매우 중요한 발견으로 이어지는 단서가 될 수도 있거든.”

1945년에 노벨 생리·의학상은 알렉산더 플레밍 경과 언스트 보리스 체인, 그리고 하워드 월터 플로리 경에게 공동으로 수여되었다. ‘감염성 질환에 대한 페니실린의 치유 효과를 발견한’ 공로가 인정되었기 때문이다.

알렉산더 플레밍은 영국의 미생물학자이자 세균학자로, 푸른곰팡이에서 페니실린을 발견하고 항균 물질인 리소자임을 연구해 인류의 발전에 크게 공헌했다.

우연한 발견이 가져다준 행운

알렉산더 플레밍처럼, 운 좋은 사고가 계기가 되어서 노벨상을 받은 사람들은 더 있다. 1965년, 천문학자인 아노 펜지어스와 로버트 윌슨은 거대한 안테나로 우주를 연구하고 있었다. 그들은 안테나에서 계속 잡음이 들리자, 처음에는 비둘기 똥 때문이라고 생각했다. 하지만 안테나를 깨끗이 청소해도 잡음이 사라지지 않았다.

머지않아 그들은 그 잡음의 정체를 알아차렸다. 우주를 있게 한 '대폭발(빅뱅)' 때 생긴 복사(빛)의 일부였던 것이다. 그들은 대폭발 이론을 연구해 1978년에 노벨 물리학상을 받았다.

엑스선을 우연히 발견한 빌헬름 뢴트겐은 1901년에 최초로 노벨 물리학상을 받았다. 그때 뢴트겐은 진공관에서 전자가 어떻게 움직이는지 연구하고 있었다. 그러다 진공관 근처에 있던 형광판이 밝게 빛난다는 사실을 알아차렸다. 그렇게 해서 눈에 보이지 않는 방사선을 발견하게 되었다.

그 방사선은 진공관을 꽁꽁 싸맨 두꺼운 종이뿐만 아니라 인간의 살도 너끈히 통과했다. 뢴트겐은 엑스선으로 아내의 손을 촬영해 자신의 발견을 시험했다. 뢴트겐의 아내는 엑스선에 찍힌 뼈 사진을 보고 놀라서 기겁을 했다나?

실험해 봅시다

패스트푸드에 곰팡이?

알렉산더 플레밍은 뚜껑을 덮지 않은 배양 접시에서 곰팡이가 자란 것을 보고 페니실린을 발견했다. 이번 실험에서는 곰팡이가 다양한 환경 조건에서 어떻게 자라는지 살펴보려 한다.

준비물

- 뚜껑이 있는 유리병 8개
- 집게나 일회용 장갑
- 서로 다른 패스트푸드점에서 사 온 햄버거 4개
- 서로 다른 패스트푸드점에서 사 온 감자튀김 4봉지
- 마커펜
- 카메라

실험

1. 따뜻한 비눗물로 유리병을 씻은 다음에 깨끗이 헹군다.
2. 물이 담긴 냄비에 유리병을 넣고 몇 분간 끓여서 소독한다. 이렇게 하면 유리병의 곰팡이 포자가 말끔히 사라진다. 이 단계 이후에는 유리병을 만질 때 집게나 일회용 장갑을 사용한다.

3. 햄버거와 감자튀김이 완전히 식을 때까지 기다린 후, 그것을 유리병에 하나씩 넣고 뚜껑을 닫는다. 그것들을 사 온 패스트푸드점의 이름을 적어서 병에 붙인다.
4. 각각의 유리병을 날마다 같은 시각에 사진을 찍어 둔다.

확인

일부 패스트푸드점들은 햄버거를 오랫동안 신선하게 유지하기 위해서 화학 조미료를 첨가한다. 곰팡이가 성장하려면 곰팡이 포자와 습기, 그리고 먹이가 필요하다. 감자튀김을 아주 뜨거운 기름에 튀겼다면, 곰팡이 포자는 전부 없어졌을 것이다.

유리병 뚜껑을 닫아 완전히 봉했기 때문에, 햄버거와 감자튀김에는 그 음식들에 들어 있던 수분만이 존재한다. 햄버거와 감자튀김이 사 올 때부터 바싹 말라 있었는지 살핀다.

곰팡이는 설탕을 좋아한다. 이 음식들에는 설탕이 얼마나 들어 있는지 확인한다. 그리고 소금은 곰팡이가 자라는 것을 막는다. 이 음식들이 얼마나 짠지도 미리 알아 두는 편이 좋다.

며칠이 지났을 때, 어느 유리병에서 곰팡이가 가장 많이 생기는지, 어느 유리병에서 가장 적게 생기는지 사진을 보면서 그 변화를 비교해 보자.

모든 음식에 곰팡이가 피었는가? 아마도 햄버거에서 다양한 색깔의 곰팡이가 자라는 것을 볼 수 있을 것이다. 곰팡이는 노란색이나 하얀색, 초록색, 빨간색, 검은색 등 아주 다양한 색을 띨 수 있다.

페니실린 이후, 다른 곰팡이와 박테리아에서도 다양한 항생제가 생성되는 것으로 밝혀졌다. 왜 그런 걸까? 지구 곳곳에서 살고 있는 박테리아는 성장에 필요한 영양과 공간을 차지하기 위해 서로서로 경쟁을 한다.

수백만 년이 흐르면서 박테리아는 살아남기 위해 특별한 화학 물질을 만들어 내기 시작했다. 이 화학 물질로 죽은 동물이나 식물의 찌꺼기를 소화시키기도 한다. 또 이걸로 다른 박테리아나 미생물을 없애기도 하는데, 이때 나오는 화학 물질을 '항생제'라고 부른다.

그 때문에 페니실린 곰팡이에서뿐만 아니라 다른 박테리아에서도 새로운 항생제가 발견되는 것이다. 이건 전혀 놀라운 일이 아니다.

개똥쑥으로 말라리아를 물리치다

투유유

메리가 몸을 일으키자, 금세 속이 울렁거렸다. 플레밍이 말한 고름 이야기 때문일까? 아니면 시간 여행을 하느라 계속 빙글빙글 돌아서 그런 걸까? 이유는 확실히 알 수 없지만, 어쨌든 기분이 썩 좋은 상태는 아니었다.

메리가 주변을 둘러보았다. 마셜 교수와 함께 콘크리트 마당 한가운데에 서 있었다. 뒤에는 길쭉한 하얀색 건물이 있었고, 그 건물 꼭대기에는 빨간색 한자 여러 개가 커다랗게 세워져 있었다.

“여긴 어디예요?”

“중국 전통 의학 연구원이란다. 중국의 수도인 베이징에 있지.”

마셜 교수가 말을 이었다.

"그런데 밖에서 너무 오래 서성이지 않는 게 좋겠구나. 1972년에는 여기에 서양인이 많지 않았거든. 우리는 사람들 눈에 잘 띌 거야."

마셜 교수가 메리를 데리고 서둘러 자리를 떠났다. 그러고는 긴 복도를 한참 걷다가 어느 문 앞에서 우뚝 멈춰 섰다. 문에는 '프로젝트 523'이라고 적힌 표지판이 걸려 있었다.

"여기야."

마셜 교수가 문을 열자 실험실이 모습을 드러냈다. 그곳은 메리가 자주 보던 장비들로 가득했다. 기다란 실험대에는 길쭉한 유리관들이 줄지어 서 있었는데, 그 유리관 바로 밑에는 다양한 크기와 모양의 비커와 단지가 쭉 놓여 있었다. 분젠 버너를 비롯해서 갖가지 용액이 들어 있는 유

리병, 글씨가 빼곡하게 적힌 종이도 있었다.

실험대 중간에는 마른풀 같은 게 한 더미 쌓여 있었다. 짧게 자른 검정색 머리에 얇은 테의 안경을 쓴 여자가 그 풀들을 조심스럽게 분류하고 있었다.

마셜 교수가 큼큼 헛기침을 했다.

"실례합니다, 투유유 교수님. 교수님이 연구하신 것에 대해 같이 이야기를 나눠 보고 싶어서 이렇게 찾아왔습니다."

투유유가 마셜 교수와 메리에게 허리를 숙여 인사했다. 그런 다음에 그들을 바라보며 다정하게 미소를 지었다.

"어서 오세요, 마셜 교수님. 이렇게 먼 곳까지 와 주어서 정말로 고맙군요. 두 사람한테 보여 줄 게 아주 많답니다."

"메리, 이분은 투유유 교수님이란다. 중국 정부를 위해서 어떤 프로젝트를 비밀리에 진행하고 계시지. 정부에서 한약을 다룬 고대 문헌을 조사해 달라고 요청했거든. 말라리아 치료법을 찾으려고 말이야."

"말라리아가 뭐예요?"

"그건 아주 끔찍한 질병이란다."

투유유가 말을 이었다.

"모기가 옮기는 거야. 그 병에 걸리면 열이 나고, 먹은 걸 토하고, 머리가 깨질 듯이 아프단다. 해마다 많은 사람이 말라리아에 걸려 죽지. 특히 어린아이나 노인, 그리고 가난한 사람들이……. 다행히 우리가 말라리아 치료에 도움을 줄 수 있는 걸 발견한 듯해."

투유유가 마른풀을 한 움큼 집어 들었다.

"이건 '칭하우'라는 건데, '개똥쑥'이라고도 부르지. 자, 냄새를 한번 맡아 봐."

그러면서 메리에게 그것을 불쑥 건넸다. 메리는 그 풀의 냄새를 가만히 맡아 보았다.

"박하 향이랑 비슷한데요. 좀 싸한 냄새도 나고……."

투유유가 함빡 미소를 지었다.

"중국에선 장마철만 되면 열병이 돌아. 그건 또 다른 질병들로 이어지지. 중국 사람들은 언제나 이 풀을 써서 그 열병을 치료했지. 우리는 그 열병을 말라리아라고 생각했어. 그래서 이 약초에 있는 어떤 성분이 말라리아 치료에 효과를 보이는 건지 알아내려고 무척 노력했단다.

아마도 이번엔 성공한 것 같아. 이렇게 되기까지 꽤 오랜 시간이 걸렸지만. 처음에는 이 풀을 그냥 물에 넣고 끓이기만 했거든, 한약을 달이듯이. 그런데 우리가 기대했던 것만큼 효과가 없었어. 1,600년 전에 쓰

인 고대 문헌《주후비급방》을 다시 찾아봤지. 그건 각 질병의 원인과 증상을 적어 놓은 다음, 그 질병에 어떤 약초를 써야 하는지 적어 놓은 책이야.

그제야 우리는 뭘 잘못했는지 알아차렸어. 거기서는 약초 한 다발을 그냥 물에 담가서 우린 다음 그 물을 마시라고 했거든. 결국 물을 끓이면서 나온 열이 그 약 성분을 다 없앴던 거야. 이번에는 효과가 아주 좋았어. 말라리아에 감염된 쥐랑 원숭이가 전부 치료되었으니까. 하지만 동물 실험만 계속할 수는 없었지. 그래서 지난주에 사람한테 직접 실험을 해 보기로 결심했단다."

투유유가 잠시 말을 멈추고 마셜 교수를 힐끗 보았다. 이 이야기를 계속해도 되는지 묻는 것 같았다.

마셜 교수가 적극적인 태도로 질문을 했다.

"그러니까 '사람'이라고 하신 건……."

투유유가 고개를 살짝 숙이며 말했다.

"나한테 말이죠."

메리는 깜짝 놀랐다.

"자기 자신한테 실험을 했다고요? 그렇게 해도 돼요? 굉장히 위험할 것 같은데……."

"그건 알 수 없었지."

투유유가 대답했다. 그러고는 마셜 교수를 다시 힐끗 쳐다보았다.

"많은 과학자들이 그렇게 해. 다른 사람들에게 자신의 이론이 옳다는 것을 확인시켜야 하는데, 정말로 이 방법밖에는 없을 때는 말이야. 그리고 이 연구팀의 대표로서 내가 끝까지 책임을 져야지."

투유유가 메리를 보며 미소를 지었다.

"아쉽게도 이 풀을 우린 물은 박하 맛이 나지 않아. 중국 사람들은 열병을 치료하기 위해서 수백 년 동안 이 약물을 마셨지. 그러면서 개똥쑥을 '씁쓸한 풀'이라고 불렀단다. 나는 이제야 그 이유를 알게 되었어. 결과적으로 나는 말라리아가 치료되었고, 우리 상관들은 그 추출물을 좀 더 광범위하게 실험해도 된다고 허락했지. 우리는 그 추출물을 아르테미시닌이라고 불러."

"투유유 교수님, 교수님 덕분에 목숨을 건진 사람이 얼마나 많은지 아십니까?"

마셜 교수가 물었다. 그러자 투유유가 고개를 저었다.

"마셜 교수님, 당신이 갖고 온 그 기계가 미래를 보여 준다는 건 잘 알고 있어요. 하지만 나는 그런 것에 관심이 전혀 없답니다. 나는 그저 내가 맡은 일을 잘 끝냈으면 하는 마음뿐이에요."

"무려 2억 명 이상이에요. 교수님의 연구가 아니었다면 아주 많은 사람이 죽었을 거라고요."

"혼자 한 일이 아닙니다. 우리 팀이 한 거지요. 나는 '프로젝트 523'에 참여한 수많은 사람 중 한 명일 뿐입니다."

"하지만 아르테미시닌을 발견한 사람은 교수님이잖아요, 그렇죠?"

메리가 물었다.

투유유는 뭔가 불편한 듯 보였다.

"메리, 우리 중국에서는 말이야. 혼자서 어떤 보상을 받기 위해 연구를 하지 않아. 사회 전체를 위해서 일하지. 박수를 받는 건 그렇게 중요하지 않거든."

"2005년이 될 때까지 아무도 몰랐어. 투유유 교수님이 아르테미시닌을 발견했다는 걸 말이야."

마셜 교수가 말을 이었다.

"교수님은 집에 아이들을 남겨 둔 채 말라리아 환자들이 속출하는 중국의 한 지역으로 달려갔어. 그래서 그 광경을 눈으로 직접 보았지. 그런 다음에 수천 권의 전통 의학서를 읽고, 수백 가지의 추출물을 실험한 후에 아르테미시닌을 발견한 거야."

그러자 투유유가 나직한 목소리로 말했다.

"말라리아 치료는 매우 중요한 일이었어요. 나는 내 삶을 기꺼이 희생하려고 했답니다. 정말 많은 아이들이 죽어 나가는 걸 봤거든요."

"중국 과학자들은 자신들이 발견한 것을 다른 나라에 널리 알리려고 했지만 아무도 귀담아듣지 않았지."

마셜 교수가 이어 말했다.

"서양에선 20여 년이 지난 후에야 비로소 이 물질에 관심을 가졌단다.

그리고 전 세계의 말라리아 환자들을 치료하기 위해서 아르테미시닌을 넉넉히 만들기 시작했지. 그때 누군가가 의문을 제기했어. 아니, 이런 엄청난 발견을 누가 한 거지? 서양 과학자들은 각자 자기 나라로 돌아가서 모든 과학자들의 수첩을 검토하고 개인 편지들을 읽었단다. 심지어 비밀 회의록까지도 말이야. 그러고 나서야 이 중요한 발견을 한 사람이 누군지 알아냈지."

투유유가 또다시 고개를 살짝 숙였다.

"난 그저 할 일을 했을 뿐입니다. 내게 교육의 기회를 준 나라에 보답하기 위해서요. 나는 유명해지는 걸 원하지 않습니다."

"그럼 원하시는 게 뭐예요?"

메리가 물었다.

투유유가 메리를 찬찬히 들여다보며 대답했다.

"네가 여기 온 건 무언가 조언을 듣기 위해서지? 메리, 과학자는 인류의 건강을 위해서 싸워야 해. 그게 과학자의 책임이란다. 상을 받는다는 건, 케이크 위에 입혀진 달콤한 설탕 같은 거야. 나는 오히려 많은 환자들이 완치되고 있다는 말을 들을 때 더 큰 보람을 느껴."

투유유가 허리를 굽혀 메리와 마셜 교수에게 인사했다.

"여기까지 와 주어서 진심으로 고맙습니다. 하지만 나는 지금 중요한 일이 있어서요."

투유유는 황급히 자리를 떴다.

중국의 화학자이자 약리학자인 투유유는 '개똥쑥을 이용한 말라리아 치료 성분인 아르테미니신을 발견'해, 아일랜드의 윌리엄 C. 캠벨 및 일본의 오무라 사토시와 함께 2015년에 노벨 생리·의학상을 공동으로 수상했다.

투유유는 과학 부문의 노벨상을 수상한 여느 중국 과학자와 달리 박사 학위도 없고, 중국 과학계의 최고 권위를 상징하는 '원사' 칭호도 없으며, 해외 유학 경험도 없어서 '3무(無) 과학자'로 이목을 끌었다.

노벨상 뒷이야기

이 세상 모든 사람을 위한 노벨상

알프레드 노벨은 유언장에 다음과 같이 적었다.

"수상자를 선정할 때 후보자의 국적을 고려해서는 안 되며, 스칸디나비아 사람이든 아니든 가장 적합한 인물이 상을 받아야 한다."

1895년에는 소수의 여성만이 과학자가 될 수 있었다. 그래서 노벨은 스칸디나비아 사람이 아닌 과학자는 상상했지만, 그 '인물'이 실제로 '여자'가 될 수 있을 거라고는 생각하지 못했던 듯하다.

그로부터 100여년이 지난 뒤, 투유유는 과학 분야에서 열여덟 명의 여성 노벨상 수상자 중 한 명이 되었다.

이것은 엄청난 업적이었다. 게다가 투유유는 의학 분야에서 노벨상을 받은 최초의 중국 과학자였을 뿐만 아니라, 노벨상을 수상한 최초의 중국 여성이었기 때문이다.

1895년 이후로 세상은 참 많이 바뀌었다. 다양한 문화권의 사람들의 공로가 널리 알려지고 있을 뿐 아니라, 여성의 재능 및 업적이 이제는 당당히 인정을 받고 있다.

이것은 모두에게 좋은 소식이다. 왜 그런지는 투유유의 말라리아 치료제로 목숨을 건진 사람들한테만 물어봐도 금방 알 수 있을 것이다.

실험해 봅시다

천연 방충제 만들기

투유유는 흔히 볼 수 있는 식물과 자연 치료법으로 실험하면서 치료제를 발견했다. 우리도 식물에서 얻은 성분으로 방충제를 만들 수 있다.

주의

모기가 옮기는 질병이 있는 곳에서는 이 실험을 하지 않는다.

부모님이나 선생님에게 이것을 먼저 확인해 본다.

준비물

- 스프레이 병
- 유칼립투스나 시트로넬라 에센셜 오일 5mL(1작은 숟가락)
- 소독용 알코올 1큰 숟가락
- 위치하젤(알코올 또는 물에 녹인 허브 추출액) 150mL
- 식물성 글리세린 1작은 숟가락(선택 사항)
- 물(또는 식초) 150mL

실험

1. 스프레이 병에 오일을 넣는다.
2. 알코올을 첨가하고 잠시 동안 흔든다.

3. 위치하젤을 첨가한 후 잘 흔들어 준다.
4. 글리세린이 있으면 첨가하는 게 좋다. 이것은 혼합물이 잘 섞이도록 도와주는 역할을 한다.
5. 물을 첨가한 다음, 고루 섞이도록 흔든다.
6. 방충제를 사용하기 전에도 흔드는 걸 잊지 말자. 오일과 물이 분리되어 있기 때문이다.

확인

간단한 실험으로 방충제를 시험해 보자. 이 실험을 할 때 친구가 필요할 수도 있다. 한 사람은 맨팔에 방충제를 뿌리고, 다른 한 사람은 뿌리지 않는다. 날이 어두워진 뒤 함께 밖으로 나간다. 그 무렵에 모기 떼가 잘 나타나기 때문이다.

과연 방충제를 뿌린 사람이 모기에 덜 물렸을까?

물론 이 실험은 혼자서도 충분히 할 수 있다. 그럴 때에는 한쪽 팔에만 방충제를 뿌리면 된다.

별을 사랑한 과학자

수브라마니안 찬드라세카르

"으윽, 또 배 위에 있군요."

메리와 마셜 교수는 이제 거대한 유람선의 갑판에 서 있었다. 주변이 깜깜하긴 했지만, 메리는 이 유람선이 바다 한가운데에 떠 있다는 걸 금방 알아차렸다. 그러자 속이 더 울렁거렸다.

"이건 마르코니의 요트보다 훨씬 더 커. 하지만 그때랑 똑같이 1930년이지. 으흠, 그런데 지금 우리는 어디에 떠 있는 걸까?"

마셜 교수가 주위를 휘둘러보았다. 젊은 남자가 난간에 기대서서 별을 쳐다보고 있었다.

"수브라마니안 찬드라세카르인가요?"

마셜 교수가 조심스럽게 말을 건네자, 그 남자가 천천히 뒤를 돌아보았다.

“아, 마셜 교수님! 네, 맞아요. 정말 죄송해요. 잠시 딴 생각을 하고 있었네요.”

찬드라세카르가 이쪽으로 걸어와 손을 내밀었다.

“메리, 안녕? 난 찬드라세카르란다.”

메리는 반갑게 악수를 했다. 그리고 찬드라세카르를 찬찬히 살폈다. 마셜 교수가 지금껏 소개해 준 노벨상 수상자들 중에서 가장 어려 보였다. 다른 수상자들만큼 진지해 보이긴 했지만, 두 눈이 초롱초롱하고 검은색의 굵은 머리카락이 심하게 고불거렸다.

“지금 어디로 가는 거예요? 목적지에 거의 다 왔나요?”

메리가 물었다.

“아니, 이건 인도에서 출발해서 영국으로 가는 배야. 나는 케임브리지 대학에서 공부를 하려고 이 배를 탔지. 아주 긴 여행이 될 거야.”

“찬드라세카르는 장학금을 받았어.”

그때 마셜 교수가 끼어들었다.

“이제 겨우 열아홉 살인데 말이야. 아주 똑똑한 거지. 어릴 때부터 영재 소리를 듣고 자랐거든.”

마셜 교수가 부러운 듯이 한숨을 푹 내쉬었다.

찬드라세카르가 웃으며 대꾸했다.

“저 별들에 비하면 우리는 전부 어린아이인걸요.”

모두들 고개를 들고 하늘을 쳐다보았다. 메리는 숨 쉬기가 몹시 힘들었다. 이렇게 많은 별은 태어나서 처음 보는 듯했다. 그것들은 마치 끝없이 펼쳐진 둥근 지붕에서 보석처럼 반짝이고 있었다.

메리는 하늘이 예전과 다르게 보였다. 뭔가 더 거대하게 느껴졌다. 그러자 자신이 보잘것없고 하찮은 존재인 것만 같았다. 그 순간, 어지럼증이 밀려왔다.

"참 아름답지?"

찬드라세카르가 한참 만에 입을 열었다.

"너도 알고 있었니? 지구의 원자들은 전부 저런 별에서 왔다는 거 말이야. 심지어 우리 세 사람의 몸을 구성하는 원자들도 그렇지. 별은 에너지가 굉장히 많아. 그 중심부는 밀도가 꽤 높고. 그래서 수소 원자들이 서로 완전히 눌린 채 헬륨 원자로 결합된단다. 헬륨 원자는 베릴륨 원자로 결합되고. 그런 식으로 주기율표를 따라서 점점 더 무거운 물질들이 만들어지지. 별의 중심부에 철 원자가 만들어질 때까지 말이야.

그러고 나면 별은 마지막 순간을 맞이하게 돼. 음, 폭발하는 거지. 아주 어마어마한 폭발……. 원자폭탄 수백만 개가 한꺼번에 터지는 것보다 훨씬 더 큰데, 이런 현상을 초신성이라고 해. 그리고 이 폭발 과정에서 철보다 무거운 원소들이 만들어져. 철이 금이나 납, 구리, 은으로 되는 거야. 이 무거운 원소들은 폭발하면서 생긴 에너지 덕분에 우주 전체로 흩어지게 되고. 별의 죽음은 우주와 생명체가 성장할 수 있게 하지."

"그러면 별은…… 그냥 그렇게 사라지는 건가요?"

메리가 물었다.

"아니야. 만약 그 별이 어느 정도 작은 크기라면 산산이 부서져서 아주 작고 밀도가 높은 별이 될 거야. 한번 상상해 봐. 태양이 도시 하나 정도의 크기로 찌그러진다고 말이야. 만약 그 별이 어느 정도 큰 축에 속한다면, 중력이 매우 강해서 주변의 모든 물질을 다 빨아들일 거야. 그러고 나서 점과 같이 무한히 작은 부피로 압축되는 거지. 여기선 그 어떤 것도 빠져나갈 수가 없어, 심지어 빛조차도. 어쩌면 시간도 그럴걸. 하지만 이건 아직 확실하지 않아. 나중에 아인슈타인한테 물어보렴."

"태양도 그렇게 될까요?"

메리가 걱정스러운 눈빛으로 물었다.

"아니. 내가 이번에 여행을 하면서 그걸 좀 계산해 봤지. 그랬더니 태양은 그렇게 폭발하거나 무너질 정도로 크지가 않아. 태양은 그저 아주 작고 뜨거운 별이 될 거야. 그런 별을 '백색 왜성'이라고 부르지. 뭐, 어쨌든 앞으로 50억 년 동안은 그런 일이 일어나지 않을 거야. 그러니까 넌 조금도 걱정할 필요 없어."

"찬드라세카르는 백색 왜성으로 바뀔 수 있는 별의 최대 크기를 계산했어. 그래서 그것을 '찬드라세카르 한계'라고 불러. 또, 블랙홀의 존재를 예측하기도 했지."

마셜 교수가 메리에게 나직이 속삭였다. 그러고선 다시 큰 소리로 말했다.

"찬드라세카르, 정말 위대한 발견을 했군요."

"사실 나는 그것을 발견이라고 생각하지 않아요. 그건 뭐랄까, 어딘가에 항상 있던 것을 내가 그냥 우연히 집어 든 것 같다고나 할까요?"

찬드라세카르가 겸손한 말투로 말을 이었다.

"메리, 우리 삼촌도 배 위에서 유명한 발견을 했단다. 삼촌 이름은 찬드라세카르 벵카다 라만. 삼촌이 1921년에 배를 타고서 유럽으로 가고 있을 때였어. 그때 삼촌은 빙하와 지중해의 물이 왜 파란색인지 궁금히 여겼대. 그리고 마침내 빛이 투명한 물질을 통과할 때 그 빛의 파장이 바뀐다는 것을 알아냈지. 그것을 '라만 효과'라고 불러. 삼촌은 올해, 그러니까 1930년에 노벨 물리학상을 받을 거야."

찬드라세카르는 잠시 울적한 표정을 지었다.

"우리 삼촌은 노벨상을 받기까지 딱 9년이 걸렸어. 하지만 나는 50년 이상을 기다려야 할 거야. 아무도 내 이론을 믿지 않을 거거든. 심지어 아이슈타인까지도 말이지. 수식으로는 완벽하게 증명이 되지만, 내 가장 친한 친구조차도 그건 불가능하다고 말하니까. 그 친구는 말이야, 분명히 어떤 특별한 자연 법칙이 있을 거라고 생각해. 그래서 별이 부피가 없어질 때까지 완전히 붕괴되는 것을 막을 거라나?

그 친구는 내 생각이 너무 터무니없대. 유럽의 다른 과학자들도 내 계산이 옳다고 생각하지만, 그걸 공개적으로 지지하지는 않을 거야. 결국 나는 유럽을 떠나 미국으로 가게 되지. 영국에서는 아무도 나를 강사로 고용하지 않을 테니까. 내 이론은 논란이 너무 많아. 아니, 어쩌면 다른 이론들과 너무 다르거나."

"그래도 꾸준히 연구할 거잖아요."

마셜 교수가 찬드라세카르를 격려했다.

"당연하죠."

찬드라세카르가 다시 미소를 지으며 메리에게 말했다.

"이미 계획도 다 짰어. 중요한 연구 주제를 10년에 하나씩 잡고서 그것에 전념할 거야. 그 주제와 관련해서 할 수 있는 건 전부 탐구하고 이

해해서 그것을 글로 쓰는 거지. 그러고 나서 다른 주제로 넘어가고…….
연구에 흥미를 잃으면 안 되거든. 메리, 어느 한 곳에 너무 오랫동안 머무르면 안 돼. 그런 게 바로 요령이야."

"천재들한테만 도움이 되는 요령이군."

마셜 교수가 나직이 투덜거렸다.

찬드라세카르는 마셜 교수의 말을 못 들었거나, 아니면 그냥 못 들은 척하기로 한 것 같았다.

"그리고 미술이나 음악, 문학 같은 예술을 소홀히 여기면 안 돼! 나는 멋진 조각품을 보면 가슴이 막 설렌단다. 수학적으로 뭔가가 딱 들어맞는 걸 볼 때 느끼는 것과 비슷하지. 강의 시간에 이런 예술을 활용하면 학생들이 더 재미있어 할 거야. 뿐만 아니라 예술은 과학을 탐구할 때에도 큰 도움이 돼. 아름다움과 과학은 결코 떨어져 있는 게 아니거든. 네가 요즘 빠져 있는 자연의 아름다움에서 과학 현상을 찾아봐."

"별 같은 데서 말이죠?"

메리가 밤하늘을 다시 올려다보며 물었다.

"그렇지, 별 같은 데서 말이야."

찬드라세카르가 부드러운 목소리로 대답했다.

인도 태생의 미국인 천체 물리학자 수브라마니안 찬드라세카르는 1983년에 노벨 물리학상을 받았다. '별의 구조와 진화에 있어 중요한 물리적 과정을 이론적으로 연구'한 공로가 인정되었기 때문이다. 찬드라세카르는 아인슈타인의 특수 상대성 이론과 양자 역학의 원리를 이용하여 축퇴된 전자 가스에 의해서만 유지되는 백색 왜성의 질량이 태양 질량의 1.44배보다 더 크면 인정할 수 없음을 증명했다.

한편 1999년, 미국 항공 우주국은 그의 이름을 딴 '찬드라 엑스선 관측선'을 하늘로 쏘아 올렸다. 그것은 우주 망원경이 있는 인공위성이다. 과학자들은 그 관측선이 보낸 자료를 토대로 새로운 블랙홀을 여러 개 발견했다.

노벨상 뒷이야기

오래 기다려서 더 값진…

찬드라세카르는 일흔세 살에 되어서야 노벨상을 받았다. 열아홉 살에 처음 발견해서 평생토록 연구한 것이 그제야 인정되었기 때문이다. 노벨상을 받을 만한 발견을 한 때와 실제로 그 과학자가 상을 받을 때 사이의 평균 기간은 대개 20년이다. 그런데 그 기간은 해마다 더 길어지고 있다.

일부 사람들은 노벨상을 이렇게 늦게 수여하다간 그 상을 놓치는 과학자가 생길 수도 있다고 걱정하기도 한다. 로절린드 프랭클린처럼, 불행한 병에 걸려 상을 받을 만큼 오래 살지 못하는 과학자도 있기 때문이다. 노벨상을 수상한 과학자들의 평균 나이는 예순여덟 살이다.

하지만 노벨 위원회는 어떤 발견이나 이론을 충분히 실험하고 증명한 뒤에 노벨상을 수여해야 한다고 생각한다. 다른 이론 물리학자들처럼, 찬드라세카르의 업적도 수식에 근거를 두고 있다. 이것이 실험이나 관찰로 확인되기까지 꽤 오랜 시간이 걸린 셈이다.

찬드라세카르는 박사 학위를 취득한 후 케임브리지 대학과 하버드 대학을 거쳐, 1995년에 세상을 떠날 때까지 시카고 대학 여키스 천문대에서 교수직에 머물렀다. 50명 이상의 대학원생들의 박사 연구를 지도했는데, 단 두 명의 대학원생을 지도하기 위해 160킬로미터 떨어진 대학까지 운전을 해서 다닐 만큼 강의에 대한 열의가 대단했다고 한다.

실험 해 봅시다

별의 수를 세어 보자

수브라마니안 찬드라세카르는 바다 한가운데의 배 위에서 밤하늘을 바라보다가 별을 연구해야겠다고 결심했다. 이번 실험에서는 장소에 따라 별의 수가 얼마나 다르게 관측되는지를 알아보려 한다.

준비물

- 두루마리 휴지 심
- 계산기

실험

1. 밤하늘에 구름이 없는 날을 선택한다. 밖에 나가서 빛이 나오는 곳을 모두 적는다. (가로등, 상점, 자동차 헤드라이트 등)

2. 휴지 심을 통해 하늘을 바라보며 그 속에 별이 몇 개 있는지 세어 본다. 이런 식으로 세 번 더 하는데, 매번 서로 다른 부분의 밤하늘을 관측한다.

3. 그 결과를 아래에 적고, 관측한 별의 평균 개수를 계산한다.

   장소 1 : ______________________

   빛이 나오는 곳 : ______________________

휴지 심을 통해서 본 별의 개수

관측 1 : ____________

관측 2 : ____________

관측 3 : ____________

관측 4 : ____________

관측한 별의 평균 개수 = ____________

(위에서 관측한 별의 개수를 전부 더한 다음 4로 나눈다.)

4. 이번에는 좀 더 어두운 곳으로 가서 1단계와 2단계를 반복한다.

장소 1 : ____

빛이 나오는 곳 : ____

휴지 심을 통해서 본 별의 개수

관측 1 : ____________

관측 2 : ____________

관측 3 : ____________

관측 4 : ____________

관측한 별의 평균 개수 = ____________

(위에서 관측한 별의 개수를 전부 더한 다음 4로 나눈다.)

확인

실제로 하늘에 떠 있는 별의 개수는 두 장소 모두 같다. 그런데 왜 어느 곳에서는 다른 곳보다 더 많은 별을 볼 수 있는 걸까?

낮에는 태양이 너무 밝아서 하늘의 모든 별보다 더 환하게 빛난다. 인공 빛도 마찬가지로 밤하늘을 밝게 한다. 우리가 도시에서 멀리 벗어날수록 더 많은 별을 볼 수 있다.

1994년, 미국의 로스앤젤레스에서 지진이 일어나 그 일대의 전기가 모두 끊겼다. 순간, 사람들은 별을 평소보다 수천 개가량 더 많이 볼 수 있었다. 어떤 사람들은 너무 놀란 나머지, 가까운 관측소에 전화를 걸어 하늘에 갑자기 별이 많이 나타났다고 알려 주기도 했다나.

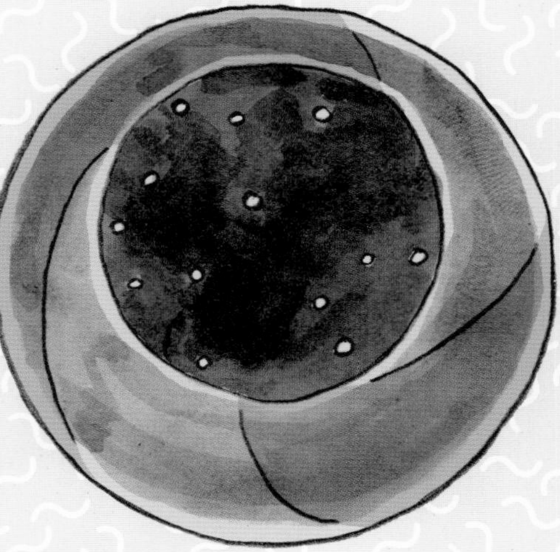

병든 세포만 골라서 공격하기

거트루드
엘리언

"이런, 잘못 왔네."

마셜 교수가 타임머신을 보며 얼굴을 찌푸렸다.

"아이참, 또요?"

메리가 투덜거렸다.

메리와 마셜 교수는 지금 공동묘지에 서 있었다. 바로 옆에서는 장례식이 한창 열리는 중이었다.

'뭐, 그래도 다시 바닥이 단단한 육지로 돌아왔네.'

메리는 속으로 이렇게 중얼거렸다.

"시간 여행이 뭐 그렇게 쉬운 줄 아니?"

마셜 교수가 숫자판을 이리저리 돌리며 말을 이었다.

"그리고 어떤 사람의 인생에서 가장 중요한 순간을 찾아가다 보면, 가끔씩 네가 가고 싶어 하지 않는 곳으로도 갈 수 있는 거야."

"혹시……, 지금 여기가 노벨상 수상자의 장례식인가요?"

메리가 물었다.

"아니, 노벨상 수상자들은 대체로 자기 장례식에 그렇게 특별한 감정을 갖고 있지 않아. 자기 장례식에 가는 사람은 없을 테니까. 게다가 지금은 1933년이라서, 겨우 열다섯 살밖에 안 됐거든. 그분은 아주 오래오래 살 거야."

장례식에 모인 사람들이 하나둘 떠나기 시작했다. 메리는 그쪽을 슬쩍 돌아보았다. 숱 많은 곱슬머리를 단발로 짧게 자른 여자애가 묘지 옆에 계속 서 있었다.

"자, 거트루드, 어서."

검은색 코트를 입은 남자가 재촉했다. 코트가 좀 낡아 보였다.

"지금 가야 해."

그 남자가 거트루드의 어깨를 한쪽 팔로 감싼 다음 천천히 자리를 떠났다. 그들이 옆으로 지나가자, 메리는 호기심에 찬 눈으로 거트루드를 바라보았다.

거트루드는 손등으로 눈물을 훔치며 울고 있었다. 하지만 그 눈물 밑으로 보이는 표정은 자못 결연했다.

"아빠, 할아버지는 무척 고통스럽게 돌아가셨어요. 그렇게 고통받는

사람이 또 있어선 안 돼요."

"그래, 네 말이 맞아, 거트루드. 암에 걸리는 건 정말이지 끔찍한 일이지. 하지만 아직까지는 치료할 방법이 없는걸."

"제가 꼭 찾아낼 거예요."

거트루드가 입고 있던 검은색 카디건 소매로 코를 쓱 문지르며 말했다. 그 카디건은 무척 얇아 보였다. 그래서 낙엽을 휙 쓸어 버리는 이 차가운 바람을 조금도 막아 내지 못할 것 같았다.

"그리고 지금 당장 시작할 거예요."

그러자 거트루드 아빠가 고개를 천천히 저었다.

"우리 집 형편 잘 알잖니? 너를 대학에 보낼 수가 없어."

"공부 잘하는 학생들한텐 수업료를 받지 않는 곳도 있어요. 뉴욕에 있는 어떤 여자 대학교인데, 저는 거기로 갈 거예요."

"메리, 이리 와! 이거, 다 고친 거 같아."

그때 마셜 교수가 나무 뒤에서 메리에게 손짓을 했다.

"자, 가자. 이제 1998년으로 갈 거야."

이윽고 묘비와 풀이 흐릿해지는가 싶더니 공동묘지가 눈앞에서 서서히 사라졌다. 그동안 메리는 머릿속으로 계산을 해 보았다.

"그때쯤이면 저 애는 여든 살이에요. 좀 더 앞으로 가야……."

하지만 메리와 마셜 교수는 이미 거대한 강당 뒤에 서 있었다. 강당에는 가운처럼 생긴 검은색 예복을 입은 사람들이 가득했다. 그 사람들은 화려한 장식 띠에 모자를 쓰고 있었는데, 그 모자는 빳빳한 판지로 위를 꾹 누른 것처럼 보였다.

메리는 이 사람들 복장이 참 우스꽝스럽다고 생각했다. 꼭 마법사로 분장한 것 같았다.

마셜 교수가 메리를 팔꿈치로 쿡 찔렀다.

"저기 계시네."

그때 나이 든 여자가 무대를 천천히 가로질러서 걸어 나왔다. 사람들이 박수를 치며 환호성을 질렀다. 그 여자는 빨간색 리본으로 묶은, 돌돌 말린 종이 한 장을 건네받았다. 그런 다음에 사람들 쪽으로 몸을 돌리고 선 그 종이를 의기양양하게 흔들었다.

메리는 뭔가 혼란스러운 느낌이 들었다.

"지금 노벨상을 받는 건가요?"

"아니, 노벨상은 벌써 10년 전에 받으셨어. 이건 하버드 대학교에서 수여하는 명예 과학 박사 학위야. 보통의 박사 학위랑 비슷하지만, 이게

훨씬 더 좋지."

"박사 학위가 없어도 노벨상을 받을 수 있나요?"

"그럼, 나도 그랬는걸."

마셜 교수가 고개를 끄덕이며 말했다.

"나는 노벨상을 받고 나서 5년이 지난 뒤에 옥스퍼드 대학에서 명예 과학 박사 학위를 받았지. 하지만 저분이 받은 건 내 것보다 훨씬 더 값진 거야. 왜냐하면 거트루드 엘리언은 중간에 박사 과정을 중단해야 했거든."

"왜요?"

"그 얘긴 엘리언한테 직접 들어 보자."

마셜 교수가 메리를 데리고 강당 앞으로 나갔다. 그러고는 무대 옆의 작은 문을 열고 안으로 성큼성큼 걸어 들어갔다.

엘리언은 안락의자에 편안히 앉아 있었다.

"안녕하신가요, 마셜 교수. 여기 좀 앉아 있어도 괜찮겠지요? 내 차례가 올 때까지 오랫동안 서 있었거든요."

엘리언이 모자를 벗었다. 그러자 가느다란 갈색 머리가 드러났다, 아주 넓은 이마와 함께.

메리가 마셜 교수 귀에 대고 속삭였다.

"정말로 이분이 맞아요? 어릿광대처럼 보이는데……."

마셜 교수가 메리의 등을 쿡 찔렀다.

"그래, 나 맞아. 우리는 모두 언젠가 늙는단다. 글쎄, 큰 병에 걸리지 않고 그렇게 늙기만 해도 운이 좋은 편이지. 그래도 귀는 아직 멀쩡해."

엘리언이 메리를 바라보며 슬며시 미소를 지었다. 메리 얼굴이 순식간에 벌게졌다. 마치 불길에 휩싸인 것 같았다.

"메리가 궁금해하더군요. 오늘이 왜 그렇게 특별한 날인지."

마셜 교수가 말했다.

"아, 그래? 나는 상이나 상금 같은 건 별로 신경 쓰지 않아. 그렇지만 오늘 받은 이것은 내게 아주 큰 만족감을 주지. 나는 낮에는 실험실에서 연구 보조원으로 일하고, 밤에는 박사 학위를 위해 공부하면서 몇 년을 보냈어. 그러다가 야간 학교와 직업 중에서 어느 하나를 선택해야만 되는 상황과 맞닥뜨렸지. 나는 결국 직업을 선택했단다. 여성으로서 그런 연구직은 정말 구하기 어려웠거든. 그래서 쉽게 그만두지 않으려고 했던 거야. 그 전에 내가 화학 석사 학위를 받았을 때는 여학생은 나 혼자뿐이었어. 연구비를 지원해 달라고 열다섯 군데에 신청서를 냈지. 자, 메리! 그중에서 몇 군데나 내 신청서를 받아들였을 것 같니?"

메리는 잠시 생각에 잠겼다.

"다섯 군데요?"

"좀 더 낮춰 봐."

"음, 세 군데?"

"아니. 한 군데도 없었어, 단 한 군데도. 아무도 나를 진지하게 받아들이지 않았지. 그 사람들은 내가 왜 화학자가 되려 하는지 의아하게만 여겼거든. 그 당시에는 그렇게 하려는 여성이 없었으니까. 말하자면 실험실에 여성 연구원을 둔 적이 없었던 거야. 그 사람들은 내가 그 사람들의 '정신을 사납게' 할 거라고 생각했던 것 같아. 나는 결국 그곳을 졸업하고 취직이 되기 전까지 비서 양성 학교를 다녔지."

엘리언이 콧방귀를 뀌며 말을 이었다.

"딱 6주 동안만. 그러다가 식품 회사에서 일자리를 하나 구했지. 피클이랑 마요네즈 같은 걸 실험하는 일이었어. 그리고 마침내 조지 히칭스의 조수로 일하기 시작했단다. 그 뒤로 우리는 평생을 같이 일했지. 그분이 살아 계신 동안은……."

"히칭스와 엘리언은 노벨상을 공동 수상했어."

마셜 교수가 말했다.

"어떤 연구로요?"

메리가 묻자 엘리언이 대답했다.

"그게 좀 복잡한데……. 으흠, 쉽게 설명해서 우리는 늘 새로운 약을 개발하려고 노력해. 인간의 몸에서 병든 세포는 공격하고 건강한 세포만 남겨 두는 약 말이야. 예전에는 암을 치료할 때 건강한 세포까지 다 없애서 문제가 되었거든. 그런 약들은 얻는 것보다 잃는 게 훨씬 더 많았지."

엘리언은 왠지 모르게 슬퍼 보였다. 메리는 엘리언이 할아버지를 떠올린 게 아닌지 궁금해졌다.

"우리가 만든 약은 지금 많은 질병을 치료하는 데 쓰이고 있어. 백혈병, 말라리아, 헤르페스는 물론이고, 후천성 면역 결핍증까지도 말이야. 그 약은 장기 이식이 필요한 사람들한테도 도움이 된단다. 네 몸은 다른 사람한테서 온 장기를, 특히 너와 아무 관련이 없는 사람한테서 온 장기를 위험한 침입자라고 생각하지. 그래서 그것을 거부할 수 있는 건 뭐든지 해. 몸이 안 좋아서 신장이나 간, 심장을 다른 사람한테서 이식받아야 하는 사람들에게는 아주 안 좋은 소식이야. 우리 약은 몸이 새로운 장기를 거부하지 않고 잘 받아들이도록 도와준단다."

엘리언이 잠시 핸드백 안을 뒤적였다. 그러다 구깃구깃한 봉투를 하나 꺼냈다.

"메리, 상이나 명예 같은 건 거들떠보지 마. 내가 받은 것 중에서 최고는 바로 이 편지란다. 몇 주 전에 받았지. 16년 전에 신장 이식을 받고서 우리가 만든 약으로 치료를 받은 여성이 보낸 거야. 신문에서 조지의 사망 기사를 보고 내게 편지를 쓴 거지. 여기엔 '두 분의 발견 덕분에 제 삶은 기쁨으로 가득 차 있답니다.'라고 적혀 있어."

메리는 엘리언이 곧 울지도 모른다고 생각했다. 그런데 뜻밖에도 엘리언의 얼굴에는 결연한 표정이 나타났다. 엘리언이 열다섯 살에 지었던 그 표정과 똑같아 보였다.

"사람들은 내 인생의 목표가 노벨상을 받는 거였냐고 물어봐. 그건 정말 말도 안 되는 일이야. 왜냐고? 노벨상을 못 받으면 그 인생은 전부 헛

된 것이 될 테니까. 우리의 목표는 사람들의 병이 나아지는 거였어. 그리고 거기서 얻는 만족감은 그 어떤 상보다도 훨씬 크지."

엘리언이 메리를 바라보며 진지한 얼굴로 덧붙였다.

"얘야, 상 받는 데 연연하느라 인생을 낭비하지 마. 네가 하고 싶은 걸 하도록 해. 그러면 그건 전혀 일처럼 느껴지지 않을 거야. 그리고 그 일이 설사 힘든 거라 하더라도 용기를 내서 도전해 봐. 가치 있는 건 쉽게 나오지 않는 법이거든."

거트루드 엘리언은 미국의 생화학자이자 약학자로, 1988년에 제임스 블랙 경, 조지 H. 히칭스와 함께 노벨 생리·의학상을 받았다. '약물 치료의 중요한 원칙을 발견한' 공로가 인정되었기 때문이다.

그 후로도 혼자서 후천적 면역 결핍 증후군에 쓰이는 약 AZT의 개발을 이끌어 낼 혁신적 연구 방법으로 수많은 신약을 개발했다. 그는 또 미국 발명가 명예의 전당에 들어간 최초의 여성 발명가이기도 하다.

그 누구보다 빛나는 늦깎이 수상자들

거트루드 엘리언, 굴리엘모 마르코니, 투유유처럼 노벨상 수상자라고 해서 모두 높은 수준의 공식적인 자격증을 갖고 있는 건 아니다. 예를 들어 박사 학위 같은 자격증 말이다. 잭 킬비(2000년 물리학상)는 석사 학위뿐이었지만 컴퓨터 마이크로칩과 감열식 프린터, 그리고 계산기를 발명했다.

다나카 고이치(2002년 화학상)는 학사 학위도 간신히 땄을 뿐만 아니라, 대학에 다니면서도 낙제를 몇 번이나 했다. 찰스 페더슨(1987년 화학상)은 석사 학위를 취득한 뒤, 박사 과정으로 진학하지 않고 회사에 취직하기로 마음먹었다. 아버지에 기대어 살고 싶지 않았기 때문이다.

몇몇 수상자들은 학교 성적이 매우 나빴다. 존 거던(2012년 생리·의학상)은 학창 시절에 생물학 시험에서 낙제를 했다. 그 과목 담당 선생님은 그의 생활기록부에 과학자가 되려는 거던의 꿈은 정말 터무니없다고 썼다. 그러면서 거던이 과학자가 되려고 노력하는 것은 "본인에게도, 그리고 거던을 가르쳐야 하는 선생님들에게도 시간 낭비일 뿐"이라고 덧붙였다.

거던은 이 글이 적힌 생활기록부를 액자에 넣어서 자신의 책상 위에 항상 걸어 두었다나.

실험 해 봅시다

눈에 보이지 않는 잉크 만들기

거트루드 엘리언처럼, 사람들은 중요한 편지를 받으면 그것을 이따금씩 오랫동안 보관하곤 한다. 하지만 만약 편지 내용을 비밀로 보내고 싶다면, 눈에 보이지 않는 잉크로 편지를 쓸 수 있다.

준비물

- 베이킹 소다
- 물
- 그릇
- 면봉 2개
- 보라색 포도즙(또는 진한 히비스커스 차)
- 종이

실험

1. 베이킹 소다와 물을 같은 양으로 준비해 하나의 그릇에 담는다. 예를 들어, 각각 1/4컵씩 담을 수 있다. 그런 다음에 베이킹 소다가 물에 완전히 녹을 때까지 저어 준다.
2. 베이킹 소다가 녹은 물에 면봉을 담근다. 그 면봉으로 종이에 글을 쓴다.

3. 상온에 그대로 두고서 건조시킨다. 종이에 쓴 글이 보이지 않게 된다.

4. 새 면봉을 포도즙에 담근 다음, 그것을 종이 전체에 문지른다. 그러면 그 글이 다시 나타날 것이다.

확인

우리는 어떤 물질의 산성도를 판단할 때 'pH 척도'를 사용한다. pH 척도는 0에서 14까지 있다. 물은 중성이기 때문에 pH가 7이다. pH가 7보다 작은 물질을 '산'이라고 한다. pH가 7보다 큰 물질을 '염기'라고 한다.

다른 pH와 접촉할 때 색깔이 바뀌는 물질을 'pH 지시약'이라고 부른다. 여기서 포도즙은 pH 지시약이다. 베이킹 소다는 염기이다. 포도즙이 염기와 만나면 보라색에서 초록색으로 바뀐다.

그래서 처음엔 편지에서 보이지 않았던 글이 나중에 초록색 글씨로 종이에 나타나는 것이다.

녹색 혁명의 아버지

노먼 볼로그

메리는 눈을 떴다가 얼른 감았다. 햇빛이 눈부실 정도로 밝았기 때문이다. 그리고 무척 덥게 느껴졌다. 지난번에 내렸던 공동묘지는 여기와 반대로 제법 쌀쌀했다.

잠시 후 메리는 눈을 살며시 떠 보았다. 들판 한가운데에 서 있었다. 끝없이 펼쳐진 들판에는 초록색과 황금색 곡식들이 부드러운 바람에 흔들리고 있었다. 곡식들은 예외 없이 메리의 허리만큼 키가 자라 있었다. 그중 하나가 메리의 손을 간질였다. 메리는 황금색 곡물의 끝부분을 똑 잘라 냈다.

메리가 서 있는 밭은 네모반듯한 정사각형이었다. 직선으로 쭉 뻗은 길이 위에서 아래로, 그리고 왼쪽에서 오른쪽으로 곡물들 사이에 여러

갈래 나 있었다. 하나같이 깔끔하게 정돈되어 있었으며, 밭 가장자리마다 나무 표지판이 단단히 박혀 있었다. 메리와 가까이 있는 표지판에는 '소노라-64'라고 쓰여 있었다.

"소노라가 무슨 뜻이에요?"

메리가 마셜 교수를 찾느라 주변을 휘둘러보았다. 마셜 교수는 길을 따라 저쪽으로 성큼성큼 걸어가고 있었다. 그러고 보니, 사람들 몇몇이 초록색 트랙터 주위에 모여 있었다.

"잠깐만요! 같이 가야죠."

메리가 이렇게 소리치며 마셜 교수를 뒤쫓아갔다.

마셜 교수는 트랙터 운전석에 앉아 있는 남자와 이야기를 나누고 있었다. 그 남자 역시 주변 사람들과 옷차림이 비슷했다. 물론 메리나 마셜 교수와는 달랐지만. 흰색 반팔 셔츠에 반바지를 입은 채 작업용 신발을 신었다. 그리고 머리에는 챙이 넓은 밀짚모자를 쓰고 있었다.

"너도 마실래?"

마셜 교수가 메리에게 물통을 건네며 물었다. 안 그래도 메리는 목이 몹시 마르던 참이었다. 고마운 마음에 덥석 받아 들고는 그 시원한 물을 벌컥벌컥 들이마셨다. 메리는 물을 다 마신 다음, 물통을 그 남자에게 건넸다.

"고맙습니다."

"내 이름은 노먼 볼로그란다."

볼로그가 트랙터에서 뛰어내리더니 메리에게로 성큼 다가섰다.

"메리, 너는 노벨상을 타고 싶어 한다고? 왜 그런 생각을 하게 됐지?"

메리에게 이런 질문을 던진 사람은 지금까지 아무도 없었다. 메리는 한참 동안 신중하게 생각하고서 천천히 대답했다.

"그건 제가 뭔가 새롭고 중요한 것을 발견했다는 뜻이니까요. 세상을 이해하는 데 도움을 주는 어떤 것을요."

그러자 볼로그가 말했다.

"그것도 괜찮지. 이해하는 건 좋은 거니까. 그런데 세상을 구하는 일은 어떨까? 생명을 구하는 거 말이야!"

"참! 10억 명의 생명을 구했다고 하더군요."

마셜 교수가 끼어들었다.

"볼로그, 당신은 굶어서 죽을 뻔한 사람들을 10억 명 이상 구했답니다. 메리, 사람들은 이분을 '녹색 혁명의 아버지'라고 불러."

볼로그는 금세 당혹스런 표정을 지었다.

"그렇게 불리는 거 싫어. 세상에는 나보다 더 대단한 사람들이 얼마나 많은데……."

"음, 이 곡식을 발견하신 건가요?"

메리가 묻자 볼로그가 대답했다.

"그건 밀이야. 우리는 새로운 품종을 개발하고 있는 중이지. 농부에게 더 많은 수확을 안겨 줄 수 있는 품종으로 말이야. 그 말인즉슨, 농부들이 같은 땅에서 경작해도 밀을 두 배 더 많이 수확할 수 있다는 뜻이지. 이제는 더 많은 농지에서 더 많은 식량을 재배하려고 숲에서 나무를 베어 낼 필요가 없어. 이미 몇몇 나라에서 농부들이 생산할 수 있는 밀의 양을 두 배로 늘렸거든."

"아주 대단한 일이지."

마셜 교수가 말을 이었다.

"인도에서 볼로그가 개발한 품종의 밀을 재배했는데, 수확량이 하도 많아서 감당하기 어려울 정도였다나 봐. 밀을 수확할 사람도, 그것을 보관할 자루도 부족했다지. 심지어 농지에서 시장으로 운반할 수레도, 그리고 전국으로 옮길 트럭도 전부 모자랐다고 해. 일부 지역에서는 학교

문을 아예 닫고서 그 건물에다 남은 밀을 보관하기도 했대."

"그때만 잠깐 그랬던 것뿐이야. 그다음엔 그런 문제들이 다 해결되었거든."

볼로그가 덧붙이자 마셜 교수가 말했다.

"여기 멕시코에서는 예전에 굶어 죽는 사람들이 무척 많았어. 그런데 이제는 밀이 남아돌아서 다른 나라에 팔기까지 하지."

"정말로 굶어 죽는 사람들이 있었나요?"

메리의 물음에 마셜 교수가 대답했다.

"응, 그래. 지금은 1960년인데, 몇십 년 전부터 인구가 폭발적으로 증가해서 굶어 죽는 사람들이 전 세계적으로 엄청나게 늘어났지. 볼로그의 업적이 없었다면 식량이 지금보다 훨씬 더 부족했을 거야."

그러자 볼로그가 말했다.

"나는 농장에서 자랐어. 1930년대에 경제가 폭락하는 대공황을 겪었는데, 그때는 가뭄까지 잦아서 농작물이 거의 자라지 못했지. 농장의 흙이 이리저리 날아다니면서 끔찍한 먼지 폭풍을 일으켰단다. 그 무렵에 굶어 죽은 사람이 참 많았어. 그런데 이런 일이 전 세계에서 계속 일어나는 거야.

나는 그걸 가만히 앉아서 보고만 있을 수가 없었지. 그래서 농작물을 연구하기로 결심했어. 여기는 우리의 실험용 농장이야. 밭마다 서로 다른 품종의 농작물을 심어서 키우고 있지. 같은 농작물을 여러 가지 방법으로 키우거나, 일부러 다양한 환경을 조성해서 키우고 있거든. 어쨌든 곡식을 더 많이 얻기 위해서 여러 가지 방법을 시도하고 있어. 지금 네가 손에 들고 있는 건 '소로나-64'라고 불러."

순간, 메리의 얼굴이 빨개졌다. 그것을 얼른 주머니에 쑤셔 넣었다.

"아니야, 괜찮아."

볼로그가 말했다.

"밭에 가까이 다가가서 살펴봐. 혹시 눈치챘니? 여기 있는 밀은 전부 키가 같다는 거? 그건 햇빛을 골고루 받게 하려고 일부러 그런 거야. 그리고 키가 다 작지? 키가 크게 자랄수록 이삭이 잘 여물지 못하거든. 에너지를 키 크는 데 다 써 버리니까. 우리는 작고 단단한 농작물을 좋아해. 낟알이 알차게 여물수록 더 좋지. 이따금 바람이 들판을 휙 가로지를 때면, 밀들이 서로 스치면서 내는 소리를 들을 수 있어. 그건 꼭 음악 소리 같아. 한번 들으면 절대로 잊지 못할걸."

"낟알이 알차게 여물도록 하려면 어떻게 해야 하는데요?"

메리가 고개를 갸우뚱거리며 물었다.

"이종 교배와 유전학, 그리고 비료가 필요해. 또 밀이 해충과 질병에 잘 견디게 하려고 노력하지."

볼로그가 대답했다.

"그럼 어떤 부문에서 노벨상을 받으셨어요? 물리학상은 아닌 것 같고, 화학상인가요?"

그러자 볼로그는 또다시 당혹스런 표정을 지었다.

"평화상."

볼로그가 머뭇머뭇하며 말을 이었다.

"노벨 평화상을 받았어. 나한테 그런 큰 상을 주다니, 이것참……. 어느 날 내가 밭에서 일을 하고 있는데, 아내가 차를 몰고 와서 알려 주더라고. 처음엔 믿지 않았지. 그런데 조금 있다가 사진 기자들이 우르르 몰려와 내가 일하는 모습을 마구 찍어 가지 뭐야? 에휴, 그 사람들이 밀을 다 짓밟아 버렸어. 그리고 아내는 나한테 양복을 한 벌 맞춰야겠다고 말했지. 정말이지 귀찮고 성가셨다니까."

"저는 과학자가 노벨 평화상을 받을 수 있는 줄 몰랐어요."

볼로그가 대답했다.

"글쎄, 사람들이 배고픔으로 고통받으면 평화로운 세상을 만들 수가 없지. 1950년에는 세계 인구가 25억 명이었어. 1960년인 지금은 30억 명이 살고 있고. 마셜 교수, 이런 걸 물어보면 안 되겠지만, 2019년에는 세계 인구가 얼마나 되지요?"

"77억 명입니다."

마셜 교수가 대답했다. 그러자 볼로그가 고개를 슬프게 저었다.

"메리, 너는 뭔가 다른 방법을 생각해 내야 할지도 모르겠구나. 어쩌면 그게 네 일이 될 수도 있겠지."

미국의 화학자 노먼 볼로그는 이 세상을 위해 무엇을 하는 것이 가장 중요한 일인지를 고민했다. 그리고 배고픔을 줄이는 것이 인류의 고통을 줄이는 일이라 여기고서 밤낮으로 연구에 몰두했다. 그는 세계 식량 문제에 기여한 공로로 1970년에 노벨 평화상을 받았다. 수확량이 많은 밀 품종을 개발해 수많은 사람들을 굶주림에서 구해 냈기 때문이다.

노벨상의 종류

노벨상은 물리학, 화학, 생리·의학뿐만 아니라 문학과 평화 부문에도 수여된다. 1969년에는 노벨상에 경제학이 추가되었다.

노벨상에는 특이하게도 수학 분야가 없다. 알프레드 노벨은 수학이 다른 과학들만큼 중요하다고 여기지 않은 듯하다. 그건 노벨이 매우 실용적인 과학자이자 발명가여서 그런 게 아닌가 싶다.

과학과 평화, 이 양쪽 분야에서의 업적이 각각 인정되어 노벨상을 두 번 수상한 사람은 이제까지 딱 한 명밖에 없다. 바로 미국의 화학자 라이너스 폴링이다. 그는 먼저 화학 결합의 이론을 정립하고, 이를 성공적으로 응용한 연구로 1954년에 노벨 화학상을 받았다.

사실 폴링은 제2차 세계 대전 때 미국 정부가 원자폭탄을 개발하기 위해 만든 맨해튼 프로젝트에 참여해 달라는 제의를 받았다. 그 순간, 그는 핵전쟁으로 인류가 멸망하게 될까 봐 두려움을 느꼈다. 그래서 아내와 함께 11,000여 명의 과학자들을 설득해 핵무기 실험 중단을 요구하는 청원서에 서명하도록 했다.

핵실험을 금지하는 조약이 체결된 1962년의 어느 날, 폴링은 핵무기 실험을 반대하는 데 힘쓴 공로를 인정받아 노벨 평화상을 수상했다.

실험해 봅시다

통밀 바나나 머핀 만들기

노먼 볼로그는 밀의 새로운 품종을 개발해 수확량을 늘렸다. 그래서 수백만 명의 사람들이 굶주림에서 벗어나도록 도와주었다. 밀은 우리 삶에서 매우 중요한 식량이다.

밀에는 단백질이 쌀보다 50퍼센트 더 들어 있어서 영양가가 높다. 밀은 빵이나, 파스타, 국수, 수제비, 라면, 시리얼, 과자 같은 음식을 만들 때 주로 쓰인다. 자, 그러면 통밀을 사용해 건강한 간식을 만들어 보자.

준비물

- 통밀 1 1/2컵(통밀은 대개 유기농 가게에서 살 수 있다.)
- 베이킹파우더 2작은 숟가락
- 계핏가루 1/4작은 숟가락
- 설탕 3/4컵
- 달걀 1개
- 바나나 2개
- 식물성 기름 1/4컵
- 커피 분쇄기 또는 절구와 절굿공이
- 오븐

- 믹싱 볼 2개
- 머핀 틀
- 종이 머핀 컵

실험

1. 오븐을 180℃로 예열한다.
2. 머핀 틀에 종이 머핀 컵을 하나씩 따로 넣는다.
3. 통밀을 커피 분쇄기에 넣고 돌리거나, 절구에 넣어 절굿공이로 빻는다. 이때 통밀을 한꺼번에 붓지 말고 여러 번 나눠서 넣도록 한다.
4. 통밀이 고운 가루가 될 때까지 여러 번 반복해서 빻는다.
5. 믹싱 볼에 통밀가루와 베이킹파우더, 계핏가루, 설탕을 넣고 골고루 섞어 준다.
6. 다른 믹싱 볼에다 달걀 껍질을 깨고 흰자와 노른자를 넣는다. 여기에 바나나 으깬 것과 식물성 기름을 넣고 골고루 섞이도록 젓는다.
7. 달걀 혼합물을 통밀가루 혼합물에 붓는다. 두 혼합물이 완전히 섞일 때까지 계속 저어 준다.
8. 고루 잘 섞인 혼합물을 종이 머핀 컵에 하나씩 담는다. 이때 끝까지 채우지 말고 머핀 컵 윗부분은 조금 남겨 둔다.
9. 오븐에서 15~20분가량 굽는다. 다 익으면 오븐 장갑을 끼고 머핀 틀을 조심조심 꺼낸다. 그리고 머핀이 완전히 식을 때까지 기다렸다가 먹도록 한다.

확인

밀알은 세 개의 층으로 되어 있다. 가장 바깥쪽의 단단한 층을 '겨'라고 한다. 섬유질과 영양소 대부분이 여기에 있다. 그다음 안쪽에 있는 층을 '배아'라고 부른다. 여기에는 기름기가 있고, 비타민과 단백질, 그리고 무기질이 많이 들어 있다. 제일 안쪽에 있는 층을 '배유'라고 하는데, 대부분 전분으로 구성되어 있다.

통밀 머핀은 밀알을 그대로 다 사용하기 때문에 건강에 아주 좋다. 우리가 흔히 가게에서 사는 하얀색 밀가루에는 배유만 들어 있다.

우리는 모두 단 하나의 세포에서 시작해

리타
레비몬탈치니

"늦었어, 어서 서두르자."

마셜 교수가 고풍스러워 보이는 거대한 건물의 돌계단을 급히 오르며 말했다. 메리는 마셜 교수를 따라잡으려고 허겁지겁 뛰어갔다.

"교수님은 타임머신 작동법을 제대로 익혀야 돼요. 진짜로요. 다음부턴 차라리 제가 할까요?"

메리가 숨을 헐떡이며 물었다.

"그건 절대로 안 돼."

마셜 교수가 어깨 너머로 소리쳤다.

"빨리 와! 파티가 벌써 시작됐다고."

마셜 교수가 열린 문으로 쑥 들어갔다. 그러고는 이내 건물 안으로 사라졌다.

짜증이 머리끝까지 치민 메리는 계단 꼭대기에서 걸음을 뚝 멈춰 섰다. 몸을 돌려 아래쪽을 내려다보았다. 바로 밑에 광장이 있었다. 짙은 회색과 하얀색의 돌이 멋진 모양을 이룬 채 가지런히 깔려 있었다.

광장 한가운데에는 하얀색 돌을 쌓아 만든 기단이 있었고, 그 위에 예복을 차려입은 남자의 커다란 동상이 세워져 있었다. 그 남자는 머리에 화환을 쓰고서 늠름해 보이는 말에 걸터앉은 채 오른팔을 쫙 벌리고 있었는데, 마치 보이지 않는 군중을 향해 연설을 하는 것만 같았다. 광장 옆으로는 건물들이 쭉 늘어서 있었다. 둥근 지붕을 얹은 건물들이 주로 많이 보였다.

지금은 날이 어둑어둑해진 저녁 무렵이었다. 도시에 불빛이 하나둘씩 들어오기 시작했다. 사람들은 야외 테이블에 앉아 와인을 마시거나 담배를 피웠다. 아이스크림을 들고 좁은 골목길을 한가로이 걷는 사람들도 눈에 띄었다.

바로 그때 머리 위로 비행기가 한 대 날아갔다. 그제야 메리는 그렇게 오래전의 시대로 이동한 건 아니란 걸 알아차렸다. 도시가 좀 낡아 보이기는 했지만…….

잠시 후, 수백 명의 사람들이 한꺼번에 부르는 듯한 노랫소리가 뒤쪽 건물의 문틈에서 흘러나왔다.

"탄티 아우구리 아 테! 탄티 아우구리 아 테! 탄티 아우구리 아 리타! 탄티 아우구리 아 테!"

노랫말은 처음 듣는 것이지만 곡은 매우 귀에 익었다. 바로 생일 축하 노래였다. 아하, 그렇다면 케이크가 있겠군. 메리는 갑자기 허기가 느껴졌다. 그래서 건물 안으로 어기적어기적 걸어 들어갔다.

안에서는 파티가 한창이었다. 파티장 한가운데에는 나이가 지긋해 보이는 여자가 앉아 있었다. 그 여자는 하얀색 셔츠에 검은색 재킷을 입고 있었는데, 왜소한 몸집에 잘 어울리는 세련된 옷차림이었다.

하얗게 센 머리칼은 누군가가 만져 준 것처럼 웨이브가 멋들어지게 들어가 있었다. 가슴 윗부분에는 금으로 만든 브로치가 꽂혀 있었고, 주름진 손에는 팔찌와 반지가 여러 개 끼워져 있었다.

그 앞에는 초콜릿과 신선한 산딸기로 장식한 케이크가 놓여 있었다. 그 여자는 오른손에 케이크 자르는 칼을, 왼손에 가득 채워진 샴페인 잔을 들고 있었다.

메리는 그 모습을 가만히 지켜보고 서 있었다. 그 여자는 케이크를 자르면서, 동시에 샴페인을 쭉 마셨다. 한 방울도 흘리지 않았다. 그 순간, 그 여자가 메리가 쳐다보았다. 메리한테 윙크를 하더니, 가까이 다가오라고 손짓을 했다.

"우리 메리는 내가 몇 살인지 궁금한 모양이구나?"

"아니에요, 그렇지 않아요!"

메리는 쑥스러운 기분이 들어서 얼른 부인을 했다. 사실은 속으로 바로 그 생각을 하고 있던 참이었기 때문이다.

"지금이 2009년이니까, 오늘은 내가 백 살이 되는 날이란다. 1909년에 태어났거든. 로마 상원 의원의 내 동료들이 이 파티를 열어 주었지. 나는 살아 있는 노벨상 수상자들 가운데 나이가 가장 많아. 그리고 노벨

상 수상자들 중에 이 나이까지 살았던 사람은 아무도 없어. 그 덕분에 나는 아주 특별한 사람이 되었지. 여기, 케이크 좀 먹을래?"

메리는 고마운 마음에 케이크 접시를 두 손으로 넙죽 받아 들었다. 케이크를 포크로 크게 한 조각 잘라서 입에 넣는 순간, 마셜 교수가 메리를 알아보았다.

"아, 메리! 여기 있었구나. 왜 이렇게 늦었니? 그런데 리타 레비몬탈치니를 벌써 만난 거야? 정말로 전설적인 분이시지!"

"음, 음."

메리가 케이크를 우물거리며 말했다.

"메리, 지금 몇 살이니?"

리타가 물었다.

"열네 살이요."

메리가 입 안에서 씹고 있던 케이크를 꿀꺽 삼키고서 대답했다. 그러고는 접시에 남아 있는 케이크를 간절한 눈빛으로 바라보았다.

"그리고 아홉 달이 더 지났어요."

메리는 이렇게 슬쩍 덧붙이면서 조금이라도 더 어른스러워 보이기를 바랐다.

"그렇다면 네 앞으로 참 많은 날들이 펼쳐져 있구나. 그리고 지금은, 세상이 참 많이 바뀌었지. 내가 열네 살 정도 되었을 때는 어땠는지 아니? 우리 쌍둥이 자매는 어떤 남자의 아내나 어머니 이상의 존재가 될 수 없었어."

리타는 칫, 하고 콧방귀를 뀌고서 다시 말을 이었다.

"흥, 나는 그런 생활에는 눈곱만큼도 관심이 없었지. 그래서 결혼 대신 의사의 삶을 선택했어. 대학에서 해부학 조교로 있으면서 신경계를 연구했거든. 그러다 어느 날 갑자기 해고되었지."

"왜요? 여자라서요?"

메리가 물었다.

"아니, 유대인이라서. 그때가 1938년이었거든. 당시도 암울했지만, 그 뒤는 더 뒤숭숭했단다. 제2차 세계 대전이 벌어지는 동안, 나는 내 방에 실험실을 만들어서 아무도 모르게 연구를 계속했어. 뾰족한 바늘로 수술 도구들을 만들었지. 그러다 독일군이 이탈리아를 침략하자, 우리 가족은 급히 피렌체로 도망쳤단다. 나는 거실 한쪽 구석에서 연구를 이어 갔어. 아, 메리, 너도 그 근처 시골 동네에 한번 가 봤어야 하는데. 달걀이 여기저기 널려 있었거든!"

"달걀이요?"

"나는 세포가 어떻게 생겨나고 성장하는지 알아내려 애썼어. 그걸 연구하려면 닭의 배아, 그러니까 달걀이 많이 필요했지. 전쟁 중에는 달걀이 부족할 수밖에. 자전거를 타고 시골 마을을 이리저리 돌아다니면서 농부들을 설득했단다. 달걀을 나한테 팔라고 말이야."

리타는 샴페인을 다시 한 번 꿀꺽 삼켰다.

“우리는 모두 단 한 개의 세포에서 시작해. 그 하나의 세포에서 온몸을 구성하는 모든 것이, 그것도 아주 복잡한 것들이 다 나오는 거야. 피부와 머리카락, 손톱, 심장, 간, 신장, 폐 같은 거 말이야. 눈이 생기면서 이 세상을 볼 수 있게 되지! 뇌처럼 아주 복잡한 기관은 말할 것도 없고! 메리, 이런 일들이 어떻게 생기는지 궁금해해 본 적 없었니?”

“지금까지는 그랬던 것 같네요.”

메리는 이렇게 말하면서, 태어나 처음으로 이런 일들이 어떻게 가능한 것인지 궁금해졌다.

“나는 나중에 미국으로 건너가서 내 절친한 친구 스탠리 코언이랑 함께 연구를 계속해. 그러다 세포가 신경 섬유를 내보내서 이웃 세포들과

연결되어 의사 소통한다는 것을 밝혀냈지. 신경 섬유를 통해서 세포들이 서로 협력해 몸의 기관들을 만들어 내는 거거든. 시간이 오래 걸리기는 했지만, 우리는 세포가 서로 이야기하고 듣는 방법을 알아내었어."

"리타가 이것을 밝혀낸 뒤, 그 뒤에 다른 중요한 발견들이 줄줄이 이어서 나왔지."

마셜 교수가 말을 이었다.

"선천적 기형이나 치매, 심지어 암 같은 질환들을 새롭게 연구할 수 있게 되었거든."

"사람들은 나를 '세포의 여인'이라고 불러. 그리고 내가 이탈리아로 돌아왔을 때, 대통령이 나를 상원 의원으로 임명했지. 그 말은 곧 내가 정치인이기도 하다는 뜻이야."

리타가 말했다.

"그래서 사람들이 이렇게 큰 파티를 열어 주었군요?"

메리가 말하자, 리타가 콧방귀를 뀌며 샴페인을 또 홀짝였다.

"흥, 다들 내 나이를 들으면 깜짝 놀라지. 오늘도 사람들이 백 살이나 먹은 늙은 여자를 보러 온 거야. 하지만 나는 내가 늙었다고 생각하지 않아. 중요한 건, 몸이 아니라 정신이거든. 내 정신은 스무 살 때보다 지금이 더 총명하지."

리타가 샴페인 잔을 테이블 위에 내려놓았다. 그리고 메리를 진지한 눈빛으로 잠시 바라보았다.

"듣자 하니, 뭔가 중요한 발견을 하고 싶어 한다던데. 그렇다면 너는 먼저 두려워하지 않는 법을 터득해야 해. 네 미래를 결정해야 할 때 두려워하지 마. 어려운 시기를 넘겨야 할 때에 무서워하지 말라고. 너도 앞으로 그런 시기를 겪게 될 거야. 왜냐하면 우리도 전부 그랬으니까. 진짜 최고의 순간은 바로 그런 때에 나오는 거거든. 나는 지금까지의 내 삶을 후회하지 않아."

리타는 자리에서 일어나더니 몸을 쭉 폈다. 그러고는 파티에 모인 사람들을 차례차례 둘러보며 말을 이었다.

"이제는 친구들한테 가 봐야겠구나. 내게는 남은 시간이 많지 않으니까. 물론 아직은 몇 년 더 살 날이 남아 있겠지만."

리타가 메리에게 또 윙크를 했다. 그리고 샴페인 잔을 손에 들고서 천천히 걸음을 옮겼다. 사람들이 금세 리타 옆으로 우르르 몰려들었다.

“우아, 정말 대단하신 분이시네요. 그렇지 않아요?”

메리가 감탄 어린 눈빛으로 물었다.

“그럼, 아주 남다르신 분이지.”

마셜 교수도 기꺼이 동의했다.

1986년에 노벨 생리·의학상은 이탈리아의 신경학자인 리타 레비몬탈치니와 스탠리 코언에게 공동으로 수여되었다. ‘신경 세포의 성장을 촉진시키고 영향을 주는 체내 물질을 발견’했기 때문이다. 리타 레비몬탈치니는 103세의 나이로 2012년에 세상을 떠나기 전까지, 꾸준히 연구 활동을 하면서 과학 논문을 계속 발표했다.

노벨상으로 가는 험난한 길

리타 레비몬탈치니는 노벨상을 받기까지 과학과는 전혀 상관없는 장애물들을 많이 넘어야 했다. 그리고 그런 수상자들은 몇몇 더 있다.

캐럴 그라이더(2009년 생리·의학상)는 유년 시절을 매우 힘들게 보냈다. 난독증이 있어서 글자를 읽거나 쓰는 게 어려웠기 때문이다. 그라이더는 학교에서 자주 보충 수업을 들었을 뿐 아니라, 학업 성적 또한 그다지 좋지 못했다.

거티 코리는 남편인 칼 코리와 늘 연구를 함께했다. 그 덕분에 1947년에 노벨 생리·의학상도 공동으로 수상했다. 하지만 그렇게 되기까지, 거티 코리는 남편 월급의 10분의 1 정도밖에 안 되는 돈을 받으며 연구에 집중해야 했다. 심지어 몇몇 연구소에서는 둘이 함께 일하는 것을 반대하기도 했다.

제2차 세계 대전 때 고난을 겪은 과학자는 비단 리타 레비몬탈치니뿐만이 아니었다. 1938년과 1939년, 히틀러는 독일인의 노벨상 수상을 아예 금지해 버렸다. 그래서 독일인 세 명이 연구 실적을 인정받고도 강제로(!) 노벨상을 받지 못하는 일이 벌어졌다.

노벨상을 받으려면 무엇보다 꾸준한 연구와 실적이 중요하지만, 어느 정도의 운도 함께 따라 주어야 하는 셈이다.

실험해 봅시다

달걀 껍데기가 사라졌다고?

리타 레비몬탈치니처럼, 우리도 달걀을 사용해서 간단한 실험을 할 수 있다.

준비물

- 달걀 2개
- 뚜껑이 있는 유리병 2개
- 식초(색이 진하지 않은 것으로 준비)
- 마커펜

실험

1. 달걀을 유리병에 한 알씩 넣는다. 이때 깨지지 않도록 조심한다.

2. 유리병 하나에는 달걀이 완전히 잠길 때까지 식초를 붓는다.

3. 또 다른 유리병에는 물을 붓는다.

4. 유리병 뚜껑을 닫는다.
5. 유리병에 '물'과 '식초'라고 표시한다.
6. 24시간이 지난 뒤 물과 식초를 조심스럽게 따라 낸 다음, 새롭게 다시 채워 넣는다.
7. 또다시 24시간이 지난 후, 달걀을 조심스럽게 꺼낸다. 달걀에 묻어 있는 식초를 물로 깨끗이 씻어 낸다.

확인

물속에 있던 달걀은 별다른 변화가 없지만, 식초 속에 있던 달걀 껍데기는 서서히 없어졌을 것이다.

식초는 산성이다. 그래서 달걀 껍데기에 있던 탄산칼슘이 칼슘과 이산화탄소로 바뀌면서 껍데기가 서서히 닳아 없어지게 된다. 칼슘은 녹아서 식초에 떠다니고, 이산화탄소는 기체 상태로 남아 있다.

이산화탄소는 우리 눈으로도 직접 볼 수 있는데, 달걀 껍데기에 다닥다닥 붙어 있는 작은 기포가 바로 그것이다.

껍데기가 없어진 달걀은 얇은 막이 가까스로 그 형태를 유지하고 있다. 이 막은 딱딱한 껍데기와 달리 말랑말랑하고 부드럽다. 하지만 이 달걀을 몇 센티미터 위에서 떨어트려도 쉽게 터지지 않는다. 조심스럽게 한번 실험을 해 보도록 하자.

위의 실험을 반복하거나 달걀을 식초에 더 오래 놔둘 수도 있다. 달걀 대신 작은 뼈나 조개껍데기로도 실험해 보자. 이때는 과연 어떤 일이 생겨날까?

세상에서 가장 작은 분자 기계

장피에르 소바주, 프레이저 스토더트, 베르나르트 페링하

메리와 마셜 교수는 커다란 콘서트홀 바로 뒤에 있었다. 천오백 명의 사람들이 빨간색 벨벳 천으로 감싼 의자에 앉아 있었다. 남자들은 하나같이 턱시도에 하얀색 나비넥타이를 매고 있었다. 여자들은 대개 격식을 차린 드레스 차림이었다.

콘서트홀에서는 옷에 붙은 금속 장식품과 보석, 목에 매달린 메달, 그리고 수없이 많은 안경들이 반짝거렸다. 분홍색 꽃 수천 송이가 벽면 곳곳에 예쁘게 장식되어 있었고, 이층 발코니에는 전 세계 국기들이 가지런히 걸려 있었다.

"노벨상 시상식을 보고 싶어 할 거라고 생각했어. 조금 있으면 수상자들을 공식적으로 발표할 거야. 아주 호화로운 행사지."

마셜 교수가 말했다.

메리는 고개를 숙여 입고 있는 옷을 내려다보았다. 옷이 잔뜩 구겨진 데다 좀 더러워 보였다. 먼지가 많은 실험실이나 축축한 풀밭에 어설프게 떨어져서 그렇게 된 것이었다. 순간, 메리는 자신의 옷차림이 너무 초라하게 느껴졌다. 이곳과는 도무지 어울리지 않는 것 같았다.

무대에는 짙은 파란색 카펫이 깔려 있었고, 그 한가운데엔 알파벳 'N'이 하얀색으로 커다랗게 새겨져 있었다. 그 뒤에는 어떤 남자의 두상이 놓여 있었다.

"저 조각상은 알프레드 노벨이야. 시상식은 항상 12월 10일에 열리지. 바로 노벨의 사망일에 말이야."

마셜 교수가 말했다.

그 조각상 양쪽에는 심사위원들과 이전 수상자들이 앉아 있었다. 그 앞으로 왼쪽에는 빨간색 빈 의자들이 한 줄로 나란히 놓여 있었다. 그리고 오른쪽에는 파란색과 금색의 화려한 의자가 여섯 개 놓여 있었는데, 그건 바로 스웨덴 국왕과 가족을 위한 자리였다.

"스웨덴에는 아직 왕이 있나요?"

메리가 물었다.

"그래, 칼 구스타프 16세. 아, 저기 오시네."

머리가 희끗하고 숱이 적은 노인이 무대로 천천히 걸어 나왔다. 화려한 훈장이 다닥다닥 붙어 있는 검은색 정장을 입고 있었다. 이윽고 가장 큰 파란색 의자에 자리를 잡았다.

"음, 왕관은 안 쓰셨네요."

메리가 약간 실망한 목소리로 말했다.

그때 막 오케스트라가 연주를 하기 시작했다. 남자 여덟 명이 한 줄로 서서 무대에 올라가더니 빨간색 의자에 차례대로 앉았다.

"한 사람이 빠진 모양인데요?"

빨간색 의자 하나가 비어 있는 걸 보고서 메리가 이렇게 물었다.

"노벨 문학상 수상자야. 그분은 수줍음이 많은 편이지. 그래서 이런 예식을 그다지 좋아하지 않는대."

마셜 교수가 대답했다.

몇몇 사람들이 앞으로 나와서 연설을 했다. 메리는 속으로 연설이 좀 길다고 생각했다. 오케스트라가 또다시 연주를 했다. 시간이 얼마나 흘렀을까? 드디어 시상식에서 가장 중요한 대목에 이르렀다.

얼굴이 둥근 남자가 환하게 미소를 지으며 시상식대 앞에 서서 관객들을 찬찬히 둘러보았다. 그 사람은 행복에 겨워 어찌할 줄 몰라 하는 것 같았다. 하도 기뻐서 조만간 춤을 추거나 노래를 부를지도…….

"신사 숙녀 여러분! 2016년에 노벨 화학상 수상자분들은 탁월한 상상력과 창조성으로, 과학 분야의 기초를 완전히 새롭게 형성했습니다."

그 남자가 방긋 웃으며 말을 이었다.

"장피에르 소바주 교수님, 프레이저 스토더트 경, 베르나르트 페링하 교수님! 여러분은 분자 기계를 설계하고 합성한 공로로 노벨 화학상을 받게 되었습니다."

메리가 팔꿈치로 마셜 교수를 쿡 찌르며 물었다.

"분자 기계가 뭐예요?"

"계속 들어 봐."

마셜 교수가 속삭였다.

그 남자는 기쁨에 찬 목소리로 말을 이었다.

"분자 기계, 그것은 우리가 상상할 수 있는 가장 작은 기계입니다. 머리카락 두께의 1000분의 1보다 작지요."

"그래서 그게 어쨌다는 거예요?"

메리가 물었다.

"쉬잇!"

마셜 교수가 주의를 주었다.

노벨상 수상자 세 명이 자리에서 한 명씩 일어났다. 그리고 하얀색의 커다란 'N'자 쪽으로 걸어가 스웨덴 왕과 악수를 나누고서 금메달과 인증서를 받았다.

그들은 왕에게 인사를 한 다음, 뒤에 앉은 사람들과 앞에 앉은 관객들에게도 차례로 인사를 했다. 노벨상 수상자들이 자기 자리로 돌아가는 동안, 오케스트라가 신나게 팡파르를 울렸다.

"저게 보기보다 꽤 무겁단다."

노벨상 수상자 중 한 명이 메달을 왕의 발에 떨어트릴 뻔했을 때, 마셜 교수가 메리의 귀에 대고 나직이 속삭였다.

"그런데 저것만 받나요?"

메리가 물었다.

"아니, 백만 달러도 받아. 우리 돈으로 환산하면 십억 원이 넘지."

"십억 원이요?"

메리가 소리를 꽥 질렀다.

"한 사람이 그걸 다 받아요?"

그때 몇몇 사람들이 고개를 돌려 메리를 쏘아보았다.

"쉬잇!"

마셜 교수가 또 주의를 주었다.

"많이 받는 것 같지만, 수상자들은 대부분 그 상금을 연구 자금으로 써. 그리고 공동으로 수상을 하면 상금을 똑같이 나누지. 아무튼 저 세 사람을 빨리 소개해 주고 싶구나. 자, 가자."

메리와 마셜 교수는 자리를 옮기려고 살그머니 일어섰다. 때마침 긴 회색 머리칼에 키가 크고 날씬한 여자가 오케스트라 앞에 서서 노래를 부르기 시작했다.

"오, 어디에 있었니~? 내 푸른 눈의 아들아~?"

"얼른 나가야겠다."

마셜 교수가 중얼거렸다. 그런 다음에 메리를 데리고 계단을 쭉 내려가더니 커다란 로비로 나갔다. 그리고 그 옆의 작은 방으로 들어갔다. 그곳에는 두꺼운 겨울 코트와 핸드백들이 가득했다.

마셜 교수가 말했다.

"수상자들은 곧 저녁 만찬에 참석하러 갈 거야."

"배리! 이것 좀 봐!"

키 큰 남자가 메달을 흔들며 방 안으로 뛰어 들어왔다.

조금 전, 노벨상 시상식에서 봤던 소바주였다. 소바주 뒤로 스토더트와 페링하도 휴대품 보관소로 들어왔다.

메리는 이 사람들이 그때 그 세 사람이었다는 걸 금방 알아차렸다. 그러니까 메리가 우연히 알게 된 비밀 모임에서 그곳의 규칙을 배우던 세 사람…….

그런데 그게 언제였더라? 왠지 알쏭달쏭한 느낌이 들었다. 불과 몇 시간 전에 일어난 일인 것 같지만, 실제로는 미래의 어느 순간이었을지도 모른다. 으윽, 그런 생각을 하자 갑자기 머리가 복잡해졌다.

"축하해!"

마셜 교수가 세 사람과 힘차게 악수를 나누며 말했다.

“기분이 정말 좋을 거야, 그렇지? 저녁 만찬에 참석해야겠지만, 메리가 알고 싶어 하는 게 있어서 말이야. 분자 기계가 어디에 쓰이는 건지 몹시 궁금해하거든.”

“메리, 그게 바로 분자 기계의 매력이야.”

스토더트가 말을 이었다.

“우리도 아직 몰라. 100여 년 전에 라이트 형제가 비행 기계를 처음으로 만들었지. 하지만 그때만 해도 그 형제는 결코 상상하지 못했을걸. 세계를 한 바퀴 도는 데 하루도 안 걸리는 날이 올 거라곤……. 달에 착륙하는 건 말할 것도 없지. 분자 기계는 완전히 새로운 시대를 여는 기술이야. 그것이 할 수 있는 건 끝이 없다고!”

“자, 한번 상상해 봐. 아주 작은 로봇들을 주사기로 우리 몸의 정맥에 넣는 거야. 그것들은 우리 몸 곳곳을 돌아다니면서 암세포를 찾아내고, 또 필요한 곳에 정확히 약을 배달하지.”

그때 페링하가 끼어들었다.

“그런 로봇들이 우리 몸에 계속 남아 있으면서 심장이 얼마나 잘 뛰고 있는지 관찰하거나 근육을 새로 만들기도 해.”

“또 아주 유용하고 똑똑한 기구가 될 수도 있지.”

스토더트도 말을 거들었다.

“다리 같은 시설물을 지을 때, 처음부터 아주 미세한 분자 기계들을 넣어서 만드는 거야. 그러면 다리가 손상되거나 닳았을 때, 그 기계들이 알

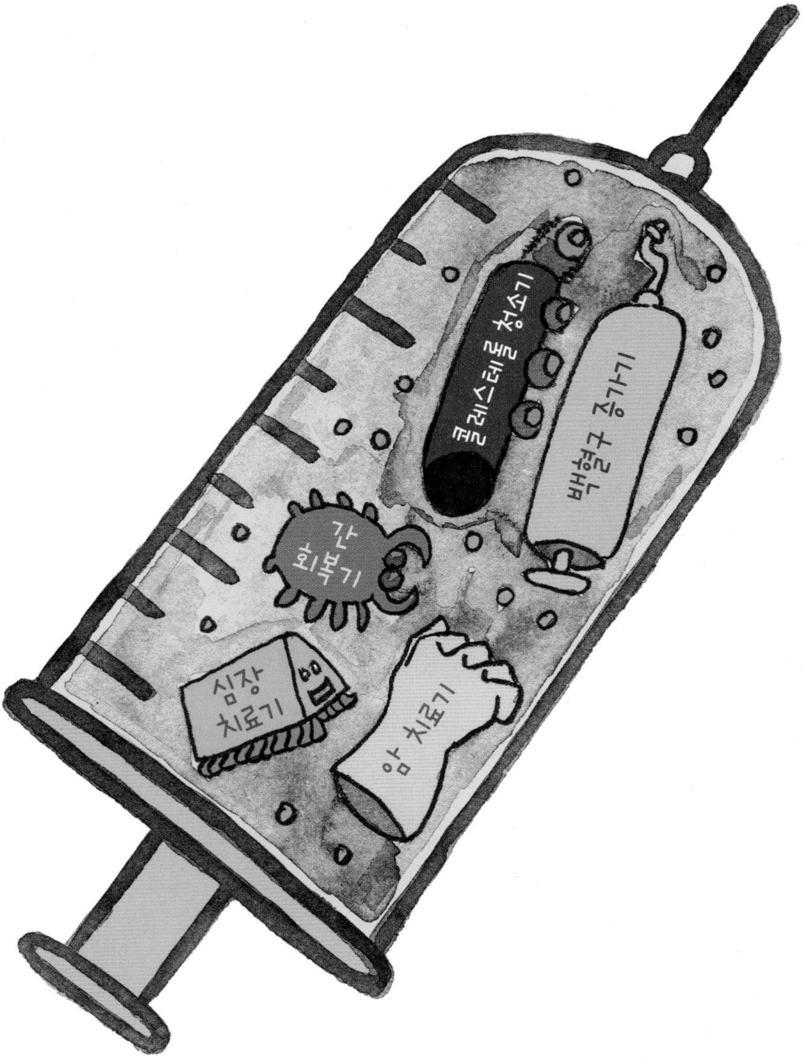
콜레스테롤 청소기
백혈구 증가기
간 회복기
심장 치료기
암 치료기

아서 척척 고치거나 더 튼튼하게 할 수 있어. 땅 밑에 묻힌 플라스틱 파이프가 고장 났을 때 스스로 손보도록 할 수도 있지. 우주 정거장이 알아서 구조물을 짓도록 만들 수도 있고."

이번에는 소바주가 말했다.

"한마디로 분자 기계는 슈퍼 개미랑 비슷해. 그리고 우리는 빛에서 동력을 얻는 분자 모터를 만들었어. 그 모터는 자기 몸집의 1만 배나 되는 물체를 회전시킬 수 있지."

"그렇게 작은 걸 어떻게 만들어요?"

메리가 두 눈을 크게 뜨고서 물었다.

"그건 깜깜한 곳에서 권투 글러브를 낀 채로 레고 성을 만드는 것과 비슷해."

페링하가 말을 이었다.

"다른 점이 있다면 레고 블록 대신 분자를 사용하고, 그걸 만드는 도구로 화학 반응을 이용한다는 거지. 소바주가 분자를 사슬로 연결하는 방법을 알아내면서 이 모든 일이 시작되었어. 그다음에는 스토더트가 분자 바퀴를 만들어 내고, 나는 모터 만드는 법을 알아냈거든. 그리고 지금은 누군가가 분자 자동차를 만들려 하고 있지. 그것도 단 하나의 분자로 말이야."

그때 종소리가 크게 울렸다. 그와 동시에 사람들이 한꺼번에 우르르 빠져나오면서 웃고 떠드는 소리가 들렸다.

"저녁 만찬이 시작되는 모양이군! 메리, 우리는 이제 가 봐야 해. 다음 모임 때 보자."

스토더트가 말했다. 그러자 소바주가 스토더트의 발을 꾹 눌렀다.

"어서 가는 게 좋겠다."

"우리도 늦었어."

바로 그때, 마셜 교수가 주머니에서 타임머신을 꺼내며 말했다. 그러고는 숫자판을 정신없이 돌렸다.

메리가 물었다.

"우리한테는 타임머신이 있잖아요. 어떻게 늦을 수 있겠어요? 그리고 다음 모임이라뇨? 제가 어떤 모임에 간다는 거죠?"

그 순간, 마셜 교수가 버튼을 꾹 눌렀다. 휴대품 보관소가 순식간에 사라져 버렸다.

2016년에 노벨 화학상은 프랑스의 배위 화합물 화학자 장피에르 소바주와 스코틀랜드 화학자 프레이저 스토더트 경, 네덜란드의 화학자 베르나르트 페링하에게 공동으로 수여되었다. '분자 기계를 설계하고 합성한' 공로가 인정되었기 때문이다.

미래의 노벨상은 누구에게?

미래에는 과학이 어떤 방향으로 발전할까? 이런 것을 예측하는 건 무척 어려운 일이다. 다음 노벨상은 우주에서 생명체를 찾거나, 암 치료법을 발견한 사람에게 돌아갈지도 모른다.

어쩌면 환경을 해치지 않고서 깨끗한 에너지를 얻은 다음, 그걸로 모든 도시에 전력을 공급할 수 있는 방법을 알아낸 사람에게 주어질 수도 있다.

리처드 로버츠(1993년 생리·의학상)는 잠재력이 가장 큰 분야로, 다시 말해 새로운 발견을 제일 많이 할 수 있는 분야로 생물학을 꼽는다. 우리는 다른 분야에 비해서 아직까지 생물학을 잘 알지 못한다. 그리고 생물은 진화를 계속하기 때문에 끊임없이 변하고 있다.

만약 메리처럼 노벨상을 받고 싶은 꿈을 품고 있다면, 상 같은 건 잊어버리고 우리가 잘할 수 있는 과학 분야에 집중하는 것이 최선의 방법이다. 좋은 질문을 던지고 그 답을 찾는 데 혁신적인 방법을 사용해 보는 것이다.

자연에서 예상치 못한 결과물이 나오면 어쩌다 그렇게 된 것인지 끝까지 파고들어 가 보자. 그다음에는 행운의 여신이 함께하기를 바랄 수밖에!

실험해 봅시다

분자는 얼마나 작을까?

머릿속에 모래 알갱이 하나를 떠올려 보라. 그리고 그것을 반으로 자르고, 또 반으로 자르고, 또 반으로 자르고, 그렇게 계속 자른다고 상상해 보자. 모래 알갱이가 더 이상 자를 수 없을 만큼 작아졌을 때 그것을 '원자'라고 부른다.

'원자'란 물질을 이루는 가장 작은 입자이다. 이러한 원자들이 일정하게 결합되어 있는 것을 '분자'라고 한다. 원자와 분자는 너무 작아서 특수한 현미경으로만 볼 수 있다. 하지만 우리는 이 실험을 통해서 분자 한 층의 두께를 측정할 수 있다.

준비물

- 물
- 고운 가루 1작은 숟가락(베이비파우더나 옥수숫가루, 밀가루)
- 올리브기름
- 스포이트
- 큰 그릇이나 접시(지름 20센티미터 이상)
- 고운 체
- 자
- 계산기

실험

1. 그릇에 물을 채운다.
2. 가루 1작은 숟가락을 고운 체에 거른 다음 그것을 물에 흩뿌린다. 이때 가루가 얇은 한 층을 이루도록 조심스럽게 뿌린다. 그리고 입으로 부드럽게 불어서 여분의 가루를 없앤다.
3. 가루 위에 기름을 한 방울 떨어트린다.
4. 기름이 퍼져 나가는 것을 가만히 지켜보자. 몇 분 정도 걸릴 수도 있다. 만약 기름이 퍼져 나가다가 그릇에 닿는다면, 더 큰 그릇에서 실험을 다시 시작해야 한다.
5. 원 모양으로 퍼진 기름의 너비를 재 보자. 이 너비를 '지름'이라고 하며, 지름의 절반을 '반지름'이라고 한다.

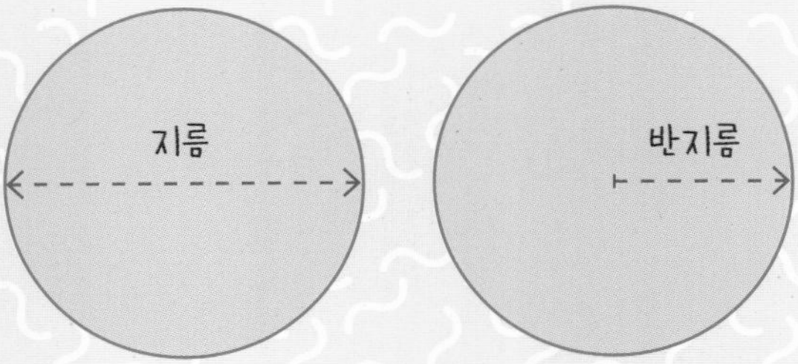

6. 아래 표를 이용해서 기름막의 두께를 계산해 보자.

원의 지름(mm) = ________________ mm

원의 반지름(mm) = 지름 ÷ 2 = ________________ mm

기름 한 방울의 부피 = ________________ mL

*스포이트 한 방울은 대개 0.05mL이다.

기름막의 두께

= 기름 한 방울의 부피 ÷ (3.14 × 반지름 × 반지름)

= ________________ mm

확인

여기서 기름막의 두께는 올리브기름 분자 한 개의 크기이며, 그것은 약 0.000002mm이다. 관찰 결과가 얼마나 비슷하게 나왔는지 살펴보자.

헬리코박터균의 비밀

배리 마셜, 로빈 워런

메리와 마셜 교수는 창고 밖의 긴 복도로 돌아와 있었다.

"자, 이제 다 끝났어. 그리고 나는 지금 참석해야 할 모임이 있어서 말이야."

마셜 교수가 시계를 들여다보며 말했다.

"잠깐만요! 아직 한 사람 더 남아 있잖아요. 교수님은 저한테 노벨상을 어떻게 받았는지 말씀해 주시지 않았어요."

메리가 다급히 소리쳤다.

"아, 그렇게 흥미진진한 이야기가 아닌데……."

마셜 교수가 난처한 표정을 지어 보였다.

"그리고 그 연구는 나 혼자서 한 게 아니야. 어쨌든 지금은 타임머신도 원래 자리에 갖다 놔야 하고."

"메리, 안녕?"

때마침 머리가 하얗게 센 남자가 복도를 걸어오며 메리에게 인사를 건넸다. 그 남자의 얼굴에는 친절한 미소가 흐르고 있었다.

"로빈 워런이란다. 배리와 함께 노벨상을 탔지. 너희 엄마가 그러시더구나. 네가 배리랑 노벨상에 관한 이야기를 나누고 싶어 했다고. 그래서 여기 오면 너를 만날 수 있을 거라고 생각했지. 배리, 문 잠그는 걸 또 깜빡한 거야?"

그러자 마셜 교수가 어깨를 으쓱했다.

"신입 회원을 환영하기 위해서 잠깐 모인 거였어요. 누가 그렇게 함부로 돌아다닐 줄은 몰랐다고요."

"아, 제가 그랬어요. 전부 다 봤죠. 그래서 우리는 거래를 하게 된 거고요. 지금은 마셜 교수님이 어떻게 노벨상을 받게 되었는지 알고 싶어요."

메리는 똑 부러지게 자신의 의견을 말했다.

마셜 교수가 시계를 확인했다.

"나는 이제 진짜로 빨리 가 봐야……."

"배리, 그냥 이야기해 줘."

로빈이 말했다. 그래도 마셜 교수는 발끝만 내려다보고 있었다.

로빈이 한숨을 내쉰 뒤, 천천히 입을 열었다.

"그래, 알았어. 내가 이야기하지, 뭐. 메리, 우리는 위궤양에 대해 연구했어. 그건 정말 끔찍한 질병이야. 위궤양이 생기면 배가 몹시 아프거든. 먹은 걸 자꾸 토하거나 살이 빠지기도 하지. 그리고 이건 아주 흔한 질병이야. 열 명 중에 한 명이 위궤양으로 고생할 정도니까. 증세가 심해지면 위암으로 이어질 수도 있어. 최악의 경우, 위에 구멍이 생길 수도 있고. 심지어는 위에서 피가 너무 많이 나와서 죽는 사람도 있지. 수년 동안 의사들은 위궤양이 스트레스를 받거나 자극적인 음식을 먹어서 생긴다고 생각했어. 아니면 그냥 위에서 위산이 너무 많이 나와서 그런 거라고 믿었지. 그래서 환자들에게 위산을 없애는 약을 처방해 주곤 했지."

"그건 일종의 거대 사업이었어."

마셜 교수가 끼어들었다.

"일부 회사들은 그런 약을 팔아서 해마다 수십억 원씩 돈을 벌어들였지. 그 약들은 별 효과가 없었는데도, 제약 회사들은 다른 치료법을 찾는 데 관심을 갖지 않았어. 나는 그 회사들한테 우리 팀의 연구비 지원을 요청했지. 그랬더니 그럴 형편이 안 된다더군."

마셜 교수가 코웃음을 쳤다.

로빈이 말을 이었다.

"배리랑 내가 만났을 때, 우리는 위궤양의 원인이 실제로는 특별한 종류의 박테리아일지도 모른다고 의심했지."

"사람들은 모두 우리가 미쳤다고 생각했어. 박테리아가 위에서 살아 있을 수 있다고 믿는 사람은 아무도 없었거든. 그건 이미 널리 '알려진 사실'이었으니까."

마셜 교수가 말했다. 거기서 둘이 깔깔대며 웃었다.

"메리, '알려진 사실'을 경계해야 해. 상식 말이야. 그것들 때문에 네 연구가 발전하지 못할 수도 있거든."

로빈이 말했다.

"지구가 편평하다는 생각도 그렇지. 당근을 먹으면 시력이 좋아진다고 믿는다거나……."

마셜 교수가 말하자, 메리가 덧붙였다.

“명왕성이 행성이라는 것도요.”

그러자 로빈이 말했다.

“어쨌든 그 사람들의 생각이 틀렸어. 박테리아는 위에서 살아 있었을 뿐만 아니라 그곳에서 성장하기도 하거든. 그 박테리아는 좀 기이하게 생겼어. 코르크 마개를 따는 기구처럼 빙글빙글 비틀려 돌아간 모양이었지. 그리고 참 억센 녀석이더군. 그런데 메리, 그 박테리아를 어떻게 죽이는지 궁금하지 않니?”

메리는 알렉산더 플레밍이 발견한 것을 재빨리 기억해 냈다.

“항생제!”

그러자 마셜 교수가 메리를 자랑스런 눈길로 바라보며 말했다.

“그렇지! 이론상으로 볼 때, 위궤양 환자한테 적절한 항생제를 처방하면, 박테리아를 죽이고 궤양을 제거할 수 있지.”

“그런데 문제는 우리를 믿는 사람이 아무도 없었다는 거야.”

로빈이 말을 이었다.

“스트레스 때문에 위궤양이 생긴다는 생각을 절대로 버리지 못했거든. 그래서 위산 제거약이 환자들에게 효과가 없으면, 우울증 치료제를 주거나 위를 약간 잘라 내곤 했지. 그 사람들이 보기에, 우리 생각은 너무 생뚱맞아서 도저히 받아들일 수가 없다는 거야. 우리는 쥐에다 실험을 할 수도 없었어. 쥐는 위궤양을 앓지 않거든. 그렇다고 사람한테 직접 실험을 해 볼 수도 없었고.”

마셜 교수가 시계를 다시 확인했다.

"아이쿠, 시간이 벌써 이렇게 됐네. 난 정말로 빨리 가 봐야……."

로빈이 팔을 뻗어서 도망가려는 마셜 교수의 어깨를 꽉 붙잡았다.

"그래서 여기 있는 배리가 혼자서 그 문제를 해결했지. 아무한테도 말하지 않고서 말이야. 심지어 아내한테도 비밀로 하고서. 박테리아를 일부러 마셔 버렸지 뭐야."

메리가 믿을 수 없다는 눈길로 마셜 교수를 바라보았다.

"너무 위험한 일이에요!"

"그래, 맞아."

로빈이 메리의 의견에 순순히 동의했다. 그리고 마셜 교수에게 이렇게 말했다.

"그 박테리아를 어디서 구했는지도 메리한테 말해 줘."

마셜 교수가 바닥을 내려다보며 뭐라고 중얼거렸다. 그런데 그 소리가 하도 작아서 잘 들리지 않았다.

"배리, 잘 안 들려."

로빈이 말했다.

"환자한테서 얻었어!"

마셜 교수가 소리쳤다.

"내가 돌본 환자의 위에서 박테리아를 얻은 다음에 배양을 했지."

우웩, 메리는 금세 속이 울렁거렸다.

로빈이 재촉했다.

"그래서 그다음엔 어떻게 됐지?"

"이삼 일 정도는 괜찮았는데, 그다음부터 배가 몹시 아프기 시작했어. 속이 메스껍고, 입에서 지독한 냄새가 났지. 정말이지 배가 끊어질 듯 아팠단다. 나중엔 음식까지 다 토하게 되더라고."

마셜 교수가 얼굴을 찡그리며 말을 이었다.

"정말 아팠어. 그런데 그다음에 내가 어떻게 했는지 아니? 항생제를 먹었지. 그랬더니 병이 싹 나았어."

"이제는 위궤양을 치료할 때 항생제를 꼭 쓴단다. 그리고 서양에서는 위암에 걸리는 사람이 거의 없어. 죽을 뻔했던 사람들이 항생제 덕분에 잘 살아가고 있는 거지. 고통받는 사람도 많이 줄었고."

로빈이 메리에게 손을 내밀며 말했다.

"메리, 만나서 반가웠어. 그리고 장담하는데, 우리는 언젠가 또다시 만나게 될 거야."

로빈이 마셜 교수에게 한쪽 눈을 찡긋했다.

메리는 로빈의 손을 잡고 한참 흔든 다음에 작별 인사를 했다.

"안녕히 가세요."

"나도 가 봐야 해."

마셜 교수가 말을 이었다.

"그런데 궁금한 건 다 알아냈니? 지금도 노벨상이 받고 싶어? 그러니까 그게 얼마나 힘든 일인지, 그리고 그 발견을 인정받기까지 얼마나 오랜 시간이 걸리는지 알고 난 지금도?"

메리는 잠시 생각에 잠겼다.

"잘 모르겠어요. 저는요, 노벨상을 받으면 갑자기 부자가 되고 유명해진다고 생각했어요. 그런데 꼭 그런 건 아닌 듯해요. 그렇지만 사람들을 돕는 일은 하고 싶어요. 교수님처럼 말이죠. 그런데 그거 아세요? 제가 지금 정말로 관심 있는 건, 교수님이 갖고 있는 그 타임머신이에요. 그게 어떻게 작동하는지 잠깐 봐도 될까요?"

그러자 마셜 교수가 뒤로 몇 걸음 물러났다.

"안 돼, 그렇게 할 수 없어. 정해진 규칙이 있거든. 누가 이것을 사용할 것인지 말이야. 그리고 솔직히 말해서, 나도 이게 어떻게 작동되는지 정확히는 몰라. 그래서 너한테 설명을 해 줄 수가 없어. 나는 그저 버튼을 누르면서 이게 제대로 움직이기를 바랄 뿐이지."

"하지만 그걸로 뭘 할 수 있을지 상상해 보세요! 과거로 돌아가서 질병에 걸린 사람들을 치료할 수도 있잖아요. 새로운 에너지원을 찾아서 지구를 오염시키지 않을 수도 있고요. 동물들이 멸종되는 것을 막을 수도……."

"아, 공룡은 절대 안 돼."

마셜 교수가 깜짝 놀란 표정으로 말을 끊었다.

"이래서 규칙이 필요한 거라고."

그러자 메리가 약간 실망한 목소리로 말했다.

"저도 그럴 줄 알았어요. 그래도 한번 만져 보고 싶었다고요."

마셜 교수가 어깨를 축 늘어트렸다. 그리고 메리를 내려다보았다.

"알았어, 딱 한 번만. 하지만 그 어떤 버튼도 누르지 않겠다고 약속해야 해."

"약속할게요!"

마셜 교수가 실험실 가운 주머니에서 타임머신을 꺼내 메리에게 건넸다. 메리는 그것을 조심스럽게 건네받았다. 예상한 것보다 꽤 무거웠다. 그런데 뜻밖에도 따뜻하고 부드러운 느낌이었다.

타임머신 뒤쪽으로 살짝 튀어 나온 부분이 있었는데, 거기는 좀 거칠게 느껴졌다. 메리는 그 부분을 손가락으로 살살 만졌다. 마셜 교수가 시계를 보려고 메리에게서 눈을 뗐을 때, 얼른 타임머신을 뒤집어 자세히 들여다보았다. 뒷면에는 아주 작은 명판이 붙어 있었다. 거기에는 이렇게 새겨져 있었다.

메리가 배리에게.

그때 마셜 교수가 고개를 번쩍 들었다. 마셜 교수는 소스라치게 놀라며 소리를 빽 지르더니, 메리의 손에서 타임머신을 홱 잡아챘다.

"자, 이제는 진짜로 가야겠구나. 늦어서 또 문제를 일으키기 전에 말이

지. 하지만 우리는 다시 보게 될 거야, 알겠니?"

마셜 교수가 연구 센터로 이어지는 커다란 문을 통해 서둘러 빠져나갔다. 메리는 그 자리에 홀로 남아 골똘히 생각에 잠겼다. 그리고 천천히 혼잣말을 중얼거렸다.

"만약 시간이 구부러져 있다면, 그리고 빛보다 빨리 움직일 수 있는 방법을 찾을 수 있다면, 그리고 손에 쏙 들어갈 만큼 아주 작은 기계를 만들 수 있다면……, 과연 어떤 일이 벌어질까?"

"아, 메리! 여기 있었구나?"

마셜 교수가 막 나간 문에서 메리 엄마가 손을 흔들었다.

"너 찾느라고 여기저기 한참을 돌아다녔잖니? 마셜 교수님이 그러시더라, 네가 여기 있을지도 모른다고. 드디어 교수님이 우리 모임에 오셨지 뭐니? 메리, 여기서 잠깐 기다릴래? 오래 걸리지는 않을 거야."

"네, 괜찮아요. 생각할 것도 조금 있고."

메리는 휴대폰의 메모장을 열었다. 그리고 아주 참신하고 뛰어난 아이디어를 적어 내려가기 시작했다.

2005년에 노벨 생리·의학상은 오스트레일리아의 의사인 배리 마셜과 로빈 워런에게 공동으로 수여되었다. '위염과 위궤양의 원인균인 헬리코박터 파일로리 박테리아를 발견'한 공로가 인정되었기 때문이다. 배리 마셜은 노벨 생리·의학상을 받기 전에 우리나라 유제품 생산업체인 한국야쿠르트에서 만든 발효유 제품인 '헬리코박터 프로젝트 윌' 광고에 출연했다.

자기 몸을 실험 대상으로!

자기 자신을 대상으로 실험을 한 노벨상 수상자는 배리 마셜과 투유유 말고도 몇몇 더 있다. 베르너 포르스만(1956년 생리·의학상)은 '카테터'라는 아주 얇은 관을 이용해서 심장 내부의 압력을 측정하는 방법을 연구했다.

말을 대상으로 한 이 실험은 성공적이었다. 하지만 사람을 대상으로 한 실험은 허용되지 않았다. 너무나 위험했기 때문이다. 그때 포르스만을 돕겠다는 간호사가 나타났다. 그 간호사는 자신이 심장 혈관 카테터법의 최초 대상자가 되겠다고 자원했다.

포르스만은 그 간호사가 수술대에 눕자마자 끈으로 단단히 묶은 다음, 재빨리 자신의 팔에 카테터(의료용 소재를 이용, 압출 성형하여 만든 얇은 관으로, 병을 다루거나 수술을 할 때 인체에 삽입하는 의료용 기구)를 집어넣고서 그것을 심장까지 쭉 밀어 넣었다.

랠프 스타인먼(2011년 생리·의학상)은 2008년에 췌장암 진단을 받았다. 당시 스타인먼은 우리 몸에 있는 면역 세포를 이용해 감염 또는 암과 싸우는 방법을 연구하고 있었다. 스타인먼은 자신을 환자로 삼아서 실험을 하기 시작했다. 그러고도 의사들이 예상한 것보다 훨씬 더 오래 살았다.

실험해 봅시다

붉은 양배추 지시약

헬리코박터 파일로리는 위궤양을 일으키는 박테리아로, 아주 강한 산성 환경인 우리 위장에서도 살아남는다. 그럴 수 있는 이유는 헬리코박터 파일로리균이 '우레아제'라는 효소를 만들어 내기 때문이다.

우레아제는 요소를 이산화탄소와 암모니아로 분해한다. 약한 염기성 물질인 암모니아는 위산을 중화시킨다. 과학자들은 환자의 위벽에 우레아제가 있는지 알려 주는 검사 방법을 개발했다. 만약 우레아제가 있다면, 그 환자는 헬리코박터 파일로리균에 감염되었다는 뜻이다.

그 검사에는 pH 지시약을 사용한다. pH 지시약은 대부분 식물에서 얻는다. 이번 실험에는 붉은 양배추 물로 pH 지시약을 만들어 보자.

준비물

- 잘게 썬 붉은 양배추 3컵
- 식초
- 레몬주스
- 주방용 액체 세제
- 작은 냄비

- 체
- 유리병
- 스포이트
- 투명한 플라스틱 컵 여러 개

실험

1. 작은 냄비에 잘게 썬 붉은 양배추를 넣는다. 양배추가 잠길 때까지 물을 붓는다.
2. 물을 끓인 뒤 불을 끄고 30분 정도 식힌다.
3. 양배추 물을 체로 거른 뒤 유리병에 담는다. 이것이 바로 pH 지시약이다.
4. 투명한 플라스틱 컵에 물을 담고, 다른 컵에는 식초를 담는다. 그리고 또 다른 컵에는 물에 베이킹 소다 1작은 숟가락을 넣고 잘 섞는다.
5. 차갑게 식힌 지시약을 각각의 컵에 몇 방울씩 떨어트린다. 색깔의 변화를 확인한 다음, 다음 페이지의 표에 적어 넣는다.
6. 새 컵에 레몬주스를 담고 지시약을 몇 방울 떨어트린다. 색깔의 변화를 확인한 다음, 레몬주스가 산성인지 염기성인지 알아본다.
7. 새 컵에 주방용 액체 세제를 담고서 지시약을 몇 방울 떨어트린다. 색깔의 변화를 확인한 다음, 그 세제가 산성인지 염기성인지 살펴본다.
8. 주변에서 흔히 찾을 수 있는 다른 용액들로도 실험을 해 보자. 예를 들면, 요구르트나 사과주스, 구강 청결제, 치약, 우유, 청량음료, 세정제, 가루비누 등이 있다. 이때 용액이 아닌 것은 물에 타서 액체 상태로 만든다. 그

리고 실험을 할 때마다 새 컵을 사용한다. 지시약을 떨어트리기 전에 그 용액이 어떤 색깔로 변할지 예상해 보자. 색깔의 변화를 확인한 다음, 그 용액이 산성인지 염기성인지 알아본다.

물질	지시약 색깔	산성/염기성
물		중성
식초		산성
베이킹 소다		염기성
레몬주스		
주방용 액체 세제		

확인

pH 척도는 0에서 14까지 있다. 물은 중성으로 pH가 7이다. pH가 7보다 작은 건 산성이다. 식초는 pH가 2.4이다. pH가 7보다 크면 염기성이다. 베이킹 소다는 pH가 9이다.

시간 여행이 어떤 것인지 느껴보고 싶으면, 오후에 30분 정도 '짧은 낮잠'에 빠져 보자. 이때 너무 깊이 잠들면 시간이 지나가는 것을 느낄 수 없다. 낮잠을 자는 동안 우리를 뺀 모든 우주가 30분 앞으로 이동했지만, 정작 우리는 그것을 순간으로 느낀다. 그러니까 이건 30분 앞으로 여행한 것과 비슷하다.

노벨상 수상자들은 대부분 이렇게 짧은 낮잠을 즐기며 시간 여행을 한다. 특히, 나는 더욱더! 낮잠에서 왜 이런 효과가 나는지 아는 사람은 아직 없다. 하지만 이런 질문은 매우 중요하다. 실제로 2017년에는 노벨 화학상이 '생체 시계'를 연구한 과학자들에게 돌아갔다. 생체 시계란 밤에는 잠을 자고 낮에는 깨어 있는 신체 현상을 말한다.

© Sharon Smith

배리 마셜 교수와 함께하는

노벨상으로의 시간 여행

첫판 1쇄 펴낸날 2019년 12월 16일
3쇄 펴낸날 2020년 11월 17일

지은이 배리 마셜·로나 헨드리
그린이 버나드 칼레오 **옮긴이** 이계순
펴낸이 박창희
편집 김수진 이민주 **디자인** 권은숙
마케팅 이상민 이혜인 **회계** 양여진

펴낸곳 (주)라임
출판등록 2013년 8월 8일 제 406-2013-000091호
주소 경기도 파주시 회동길 57-9, 우편번호 10881
전화 031) 955-1820, 1821 **팩스** 031) 955-1825
이메일 lime@limebook.co.kr **인스타그램** @lime_pub

ISBN 979-11-89208-37-0 44500
979-11-951893-8-0 (세트)

이 도서의 국립중앙도서관 출판시도서목록(CIP)은 e-CIP 홈페이지(http://seoji.nl.go.kr)와 국가자료공동목록시스템(http://www.nl.go.kr/kolisnet)에서 이용하실 수 있습니다.(CIP제어번호 : CIP2019049303)